Instrumentación 6: Caudal

Alexander Espinosa

Versión 4.1 – 2011

©2011, Alexander Espinosa.

Esta es una obra derivada de Lessons in Industrial Instrumentation de Tony R. Kuphaldt, pero no está financiada, patrocinada, revisada, aprobada o apoyada de ninguna forma por Tony R. Kuphaldt.
http://www.openbookproject.net/books

A mis hijos Camilo y Sofía

Indice

1 **Mediciones continuas de Caudal** — 1
  1.1 Caudalímetros basados en presión . . . . — 2
      1.1.1 Tubos de Venturi y principios básicos — 6
      1.1.2 Cálculos de caudal volumétrico . . . . — 14
      1.1.3 Cálculos de caudal de masa . . . . . . — 18
      1.1.4 Condicionamiento de raíz cuadrada . . — 22
      1.1.5 Placas de orificio . . . . — 31
      1.1.6 Otros elementos diferenciales . . . . . — 39
      1.1.7 Instalación apropiada . . . . — 45
      1.1.8 Mediciones de caudal de alta precisión — 49
      1.1.9 Resumen de ecuaciones . . . . — 58
  1.2 Caudalímetros Laminares . . . . — 62
  1.3 Caudalímetros de área variable . . . . — 64
      1.3.1 Rotámetros . . . . — 64
      1.3.2 Vertederos *weir* y Aforadores *flume* . . — 66
  1.4 Caudalímetros basados en velocidad . . . . . — 75
      1.4.1 Caudalímetros de turbina . . . . — 76
      1.4.2 Caudalímetros tipo vórtice . . . . . . — 84
      1.4.3 Caudalímetros Magnéticos . . . . — 88
      1.4.4 Caudalímetros Ultrasónicos . . . . . . — 97
  1.5 Caudalímetros de Desplazamiento Positivo . . — 105
  1.6 Caudal volumétrico normalizado . . . . — 108
  1.7 Caudalímetros de Masa Verdadera . . . . . . — 110
      1.7.1 Caudalímetros de Coriolis . . . . — 115
      1.7.2 Caudalímetros Térmicos . . . . — 128
  1.8 Alimentadores con pesaje . . . . — 133

1.9   Mediciones por cambio de cantidad **134**
1.10 Caudalímetros de Inserción **139**
1.11 Elección de instrumentos **142**

Figuras

1.1	Segunda Ley de Newton	3
	(a) para un sólido	3
	(b) para un volumen pequeño de fluido o plug	3
1.2	Caída de Presión	4
1.3	Dispositivos de caudal de aceleración lineal .	5
	(a) Tubo de Venturi	5
	(b) Tobera de Caudal	5
	(c) Cono en V	5
	(d) Placa de Orificio	5
	(e) Cuña segmentada	5
1.4	Elemento de codo de tubería	6
1.5	Dispositivos que funcionan desacelerando . .	7
	(a) Elemento Tubo de Pitot	7
	(b) Elemento de Impacto Target	7
	(c) Elemento de Pitot Promediador	7
	(d) Elemento Annubar	7
1.6	Presiones en el Tubo de Venturi	8
1.7	Relación entre caudal (Q) y presión diferencial ΔP para un elemento acelerador de caudal . .	23
1.8	Condicionamiento de Raíz Cuadrada	24
	(a) Condicionador de Raíz Cuadrada	24
	(b) Extractor de Raíz Cuadrada Neumático	24
1.9	Efecto de la extracción de Raíz Cuadrada . .	26
	(a) Función del elemento de caudal	26
	(b) Función Raíz Cuadrada	26

1.10	Instrumentos de Presión Diferencial con acondicionamiento de raíz cuadrada interconstruida	27
1.11	Galga receptora con escala no lineal	28
1.12	Galga con dos escalas	28
1.13	Comparación entre la escala lineal y la de Raíz Cuadrada	29
1.14	Estructura de una placa de orificio	32
1.15	Tipos de Placas de Orificio. Vista lateral y vista frontal.	33
	(a) Concéntrica de aristas rectas	33
	(b) Concéntrica de aristas rectas y biseladas aguas abajo	33
	(c) Excéntrica de aristas rectas	33
	(d) De orificio segmentado y aristas rectas .	33
	(e) Concéntrica de aristas rectas, con agujeros de ventilación y de drenaje . .	33
	(f) Concéntrica de aristas con entrada cónica y biseladas aguas arriba	33
1.16	Tipos de tomas de presión	37
	(a) Tomas en las bridas	37
	(b) Tomas en la vena contracta	37
	(c) Tomas de radio	37
	(d) Tomas de esquina	37
	(e) Tomas de tubería.	37
1.17	Caudalímetro de placa de orificio y transmisor	39
1.18	Regla de cálculo para placas de orificio	40
	(a) Frente	40
	(b) Reverso	40
1.19	Tubo Pitot	40
	(a) Tubo Pitot	40
	(b) Tubo Pitot Promediador	40
1.20	Elementos de caudal	41
	(a) Annubar	41
	(b) Placa de Impacto	41
1.21	Annubar es un tipo de tubo Pitot de promedio	42
	(a) Annubar	42

	(b) Parece un tubo	42
	(c) Pero son dos	42
1.22	Tobera	43
1.23	Cono en V	43
1.24	Elemento de caudal de tipo Cono en V	44
1.25	Cuña Segmentada	44
1.26	Perturbaciones de gran escala originadas por codos	46
1.27	Cambios en el perfil de velocidad	47
1.28	Funcionamiento del acondicionador de flujo	47
	(a) Posiciones correctas para instalar transmisores de presión diferencial en tuberías horizontales	49
	(b) Posiciones correctas para instalar transmisores de presión diferencial en tuberías verticales	49
1.29	Medición de caudal de alta precisión	54
1.30	Medición de gas natural que cumple AGA3	55
1.31	Transmisor multivariable	55
1.32	Transmisor Rosemount 3095M midiendo caudal másico en una línea de Oxígeno	57
1.33	Ecuación de Hagen-Poiseuille	62
1.34	Caudalímetro laminar	63
1.35	Rotámetro	64
1.36	Rotámetro	66
1.37	Tipos de vertederos	67
1.38	Vertedero en El Río Segura. Cortesía de La Confederación Hidrográfica del Segura, España http://chsegura.es	67
1.39	Vertedero Cipoletti	68
1.40	Funcionamiento de un vertedero	69
1.41	Vertedero proporcional (Sutro)	69
1.42	Esquema de un aforador	71
1.43	Foto de un aforador Parshall	72
1.44	Pozo de amortiguamiento	73
	(a) Foto	73

	(b) Esquema	73
1.45	Relación entre el caudal y la abertura de la represa	74
1.46	Relación entre caudal y Head para diferentes principios de funcionamiento de caudalímetros	75
1.47	Ley de Continuidad a lo largo de una tubería	76
1.48	Relación matemática entre la velocidad del fluido y la velocidad de la turbina	76
1.49	Principio de funcionamiento del caudalímetro de turbina	77
1.50	Foto de la sección transversal de una turbina	77
1.51	Foto de turbinas AGA7	80
1.52	Foto de un medidor totalizador de gas	82
1.53	Caudalímetro de paletas	83
	(a) Medidor de caudal de paleta	83
	(b) Cables de fibra óptica usados en el caudalímetro de paletas	83
1.54	Mecanismo de detección de la presión usando el Número de Strouhal	85
1.55	Vistas del tubo de caudal de un caudalímetro vórtice	88
	(a) Caudalímetro vórtice	88
	(b) Frente	88
	(c) Reverso	88
1.56	Esquema de un caudalímetro magnético	89
1.57	Foto de un caudalímetro magnético	93
1.58	Transmisor de Caudal (FT) y elemento primario (EF) tubo de caudal de un tipo de caudalímetro magnético	94
1.59	Fotos de caudalímetros magnéticos	94
	(a) Caudalímetros pequeños Endress+Hauser	94
	(b) Caudalímetro grande Toshiba	94
1.60	Elemento de caudal de una planta de tratamiento de aguas residuales	95
1.61	Tubo de caudal magnético Foxboro	96
1.62	Principio de funcionamiento de un caudalímetro ultrasónico	99

1.63 Ilustración del tiempo de tránsito en un caudalímetro ultrasónico **102**

1.64 Regímenes de caudal de fluidos **103**
    (a) Flujo (o caudal) laminar **103**
    (b) Flujo (o caudal) turbulento **103**

1.65 Ejemplo de un caudalímetro de desplazamiento positivo: caudalímetro rotatorio de gas **105**

1.66 Partes de un caudalímetro de desplazamiento positivo **107**
    (a) Engranaje que convierte el movimiento de un rotor en una lectura totalizadora **107**
    (b) Rotores **107**

1.67 Diferencias en la medición de caudal volumétrico de líquidos y gases **110**
    (a) Caudal de líquidos: El caudalímetro ubicado aguas abajo de la válvula registra el mismo caudal volumétrico que el caudalímetro ubicado aguas arriba de la válvula, porque los líquidos son incompresibles **110**
    (b) Caudal de gases: El caudalímetro aguas abajo de la válvula registra mayor caudal que el caudalímetro aguas arriba de la válvula porque el gas se ha expandido **110**

1.68 Explicación del efecto Coriolis **116**
    (a) Trayectoria que parece seguir la bola cuando se observa desde la plataforma en movimiento **116**
    (b) Efecto de Coriolis en una tubería **116**

1.69 Efecto Coriolis en aspersores **118**
    (a) Efecto Coriolis en un aspersor **118**
    (b) Efecto Coriolis en un aspersor antirrotacional: resiste el cambio de posición manual . . **118**

1.70 Efecto Coriolis en una manguera: la fuerza de Coriolis actúa lateralmente moviendo la manguera de un lado al otro 119
1.71 Torsión de un tubo en U por efecto Coriolis . 120
1.72 Principio de funcionamiento de un medidor de Coriolis 121
1.73 Comportamiento de la vibración en un caudalímetro de Coriolis con doble tubo en U 121
    (a)   Hacia afuera 121
    (b)   Hacia adentro 121
1.74 Caudalímetro de Coriolis con doble tubo en U 122
1.75 Note que son dos tubos en este Caudalímetro de Coriolis 122
1.76 Foto de un caudalímetro de Coriolis 123
1.77 Fotos de las bobinas de un Caudalímetro de Coriolis 124
    (a)   Close-up de la bobina de fuerza 124
    (b)   Close-up de la bobina de un sensor . . . 124
1.78 Foto de una placa de un caudalímetro de Coriolis 125
1.79 Caudalímetro de Coriolis funcionando como transmisor multivariable 127
    (a)   Foto de conjunto 127
    (b)   Foto de detalle 127
1.80 Medidor y controlador de caudal másico con válvula y electrónica de control 130
1.81 Caudalímetro másico térmico 131
    (a)   Foto de conjunto 131
    (b)   Foto del elemento usado para crear turbulencia, se semeja a una hélice . . . 131
1.82 Caudalímetro para sólidos granulados basado en pesaje y cinta transportadora 133
1.83 Alimentador de soda cáustica 135
    (a)   Foto de conjunto 135
    (b)   Detalle de la alimentación por gravedad 135
    (c)   Pantalla 135
1.84 Uso de celdas (o células) de carga para medir diferencia de peso en un recipiente de proceso 137

1.85 Obtención de la medición de masa utilizando un circuito diferenciador **138**
1.86 Caudalímetro de inserción Tubo Pitot **140**
1.87 Caudalímetro de inserción tipo turbina **141**
    (a) Foto de conjunto **141**
    (b) Foto de detalle **141**
1.88 Método de Extracción del elemento primario en un caudalímetro Annubar de inserción . . **142**
    (a) Extracción del elemento primario **142**
    (b) Instalación de la válvula de bola **142**
    (c) Cerrado en caliente (hot-tapping) **142**
    (a) Instalación del taladro de sellado en caliente **143**
    (b) Remoción del taladro de cierre en caliente **143**

Tablas

1.1 Función de transferencia de un relé neumático extractor de raíz cuadrada 25
1.2 Tabla de calibración para un transmisor de presión diferencial 28
1.3 Fórmula que relaciona la altura H del líquido aguas-arriba (head) y el caudal Q en un aforador Parshall de caudal libre. 70
1.4 Principios de operación para los caudalímetros 144

Prólogo

El estudiante de instrumentación industrial debe conseguir una comprensión de muchos aspectos de la ciencia y la técnica que se utilizan para la obtención de bienes de consumo a través de métodos industriales de proceso. En las industrias de proceso coexisten antiguas y nuevas tecnologías, por lo que el desafío es aún mayor para los jóvenes que intentan obtener el dominio necesario de la instrumentación industrial.

+Alexander Espinosa

Capítulo 1

Mediciones continuas de Caudal

La medición de caudal de fluido es la medición más compleja entre las mediciones de variables en la instrumentación industrial. No solo porque hay una gran diversidad de técnicas de medición de caudal, cada una con sus propias limitaciones y definiciones, sino porque la naturaleza de la variable no tiene una sola definición. **Caudal** puede referirse al **caudal volumétrico** (la cantidad de volúmenes de fluido pasando por unidad de tiempo), **caudal másico** (la cantidad de unidades de masa de fluido pasando por unidad de tiempo) e incluso **caudal volumétrico estandarizado** (la cantidad de volúmenes de gas fluyendo, suponiendo diferentes valores de presión y temperatura que aquellos en los que el proceso real opera). Los Caudalímetros *flowmeters* que están configurados para trabajar con caudales de gas o vapor frecuentemente no son útiles en los caudales de líquidos. La propiedades dinámicas de los fluidos cambian con la velocidad del fluido. La mayor parte de las tecnologías no pueden mantener la linealidad de las mediciones desde el caudal máximo hasta caudal cero sin importar que tan bien se haya calibrado el instrumento.

Además, el desempeño de la mayor parte de las tecnologías de caudalímetro depende de una instalación adecuada. Uno no puede simplemente colgar un caudalímetro en cualquier lugar de un sistema de tuberías *piping* y esperar que funcione como haya sido planificado. Esto es una fuente constante de fricción entre los mecánicos (de *piping*) y los instrumentistas de grandes proyectos industriales. Lo que se acostumbra considerar una instalación excelente de tuberías *piping* desde la perspectiva del equipamiento de proyectos y del costo, es también, frecuentemente, pobre para conseguir buenas mediciones de caudal y viceversa. En muchos casos el equipamiento del caudalímetro se instala mal y los instrumentistas tienen que lidiar con problemas de mediciones durante la puesta en marcha (comisionamiento) de la unidad. Puede haber problemas debido a cambios en las propiedades del fluido de proceso (densidad, viscosidad y conductividad) o a la presencia de impurezas en el fluido de proceso aunque el caudalímetro haya sido correctamente seleccionado según el proceso de la aplicación y haya sido bien instalado. Como los elementos de sensado deben estar directamente en el camino de corrientes de fluidos potencialmente abrasivos, no pueden ser re-utilizados como los instrumentos que miden otra variables.

Dadas todas estas complicaciones, es imperativo que los instrumentistas conozcan las complejidades de las mediciones de caudal. Lo que más importa es que se conozcan los principios físicos de los que cada caudalímetro depende. Si los principios de cada tecnología fuesen bien comprendidos se podrían reconocer los problemas potenciales y las aplicaciones adecuadas.

1.1 Caudalímetros basados en presión

Para acelerar una masa se requiere una fuerza de aceleración (también se puede pensar en términos de una masa que genera una fuerza de reacción por el hecho de haber sido acelerada). Esta magnitud se puede expresar por la segunda Ley de Newton (Ley de Movimiento) (Fig. 1.1a).

1.1. CAUDALÍMETROS BASADOS EN PRESIÓN

Todos los fluidos poseen masa y por lo tanto se requiere una fuerza para acelerarla, justamente como las masas de los sólidos. Si consideramos una cantidad de fluido confinado dentro de un tubo *pipe*, a veces llamado *plug* de fluido, teniendo una masa igual a su volumen multiplicado por su densidad de masa ($m = \rho V$, donde ρ es la masa de fluido por unidad de volumen), la fuerza requerida para acelerar este *plug* de fluido podría calcularse en la misma forma que una masa de sólido (Fig. 1.1b).

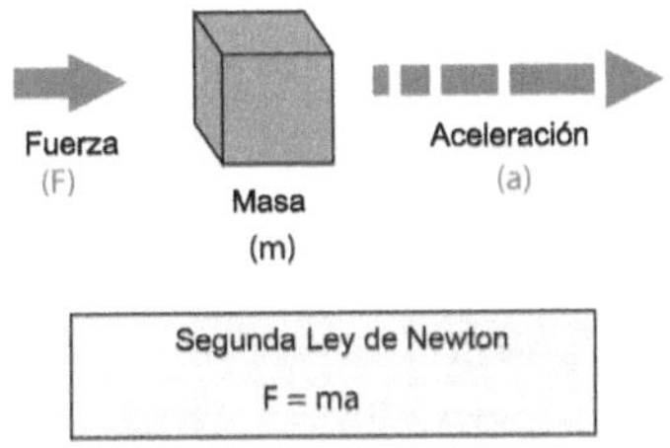

Puesto que la fuerza aceleradora es aplicada en el área de sección transversal del plug de fluido, podemos expresarla como *presión*, la definición de presión es fuerza por unidad de área.

$$F = \rho V a$$

$$\frac{F}{A} = \rho \frac{V}{A} a$$

$$P = \rho \frac{V}{A} a$$

(a) para un sólido

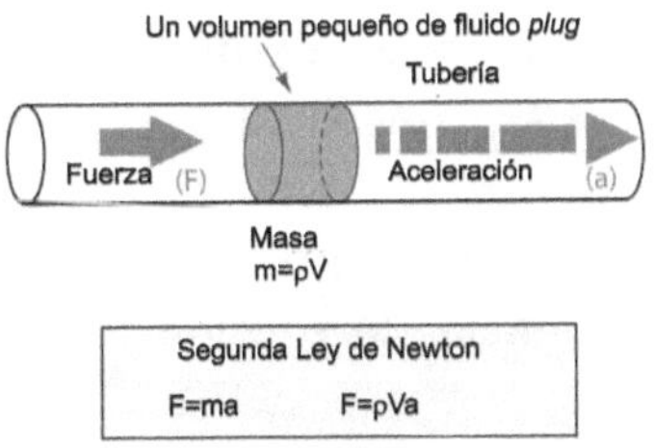

(b) para un volumen pequeño de fluido o plug

Figura 1.1: Segunda Ley de Newton

Según el álgebra podemos dividir ambos lados de la ecuación de fuerza por área, lo que nos lleva a una fracción de volumen por área V/A en el lado derecho. Esta fracción tiene una significado físico, puesto que conocemos que el volumen de un cilindro dividido por el área de la cara circular es simplemente el largo del cilindro.

$$P = \rho \frac{V}{A} a$$
$$P = \rho l a$$

Cuando aplicamos esto a la ilustración del fluido de masa esto tiene sentido: la presión descrita por la ecuación, realmente es una caída diferencial desde un lado de la masa de fluido hacia otra, con la variable largo l describiendo el espacio entre los puertos de presión diferencial (Fig. 1.2).

Esto nos dice que podemos acelerar un *plug* de fluido mediante la aplicación de una diferencia de presión a lo largo de su extensión. La cantidad de presión que podemos aplicar será un función directa de la densidad del fluido y de la tasa de aceleración. Inversamente, podemos medir la tasa de aceleración del fluido por medio de la medición de la presión desarrollada a largo de la distancia sobre la que se acelera.

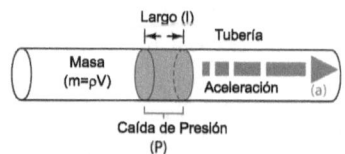

Figura 1.2: Caída de Presión

Podemos fácilmente forzar a un fluido que se acelere alterando el trayecto normal del caudal. La diferencia de presión generada por esta aceleración será inversamente proporcional a la tasa de aceleración. Puesto que la aceleración que vemos en un cambio de trayecto de caudal es una función directa de que tan rápido se movía originalmente el fluido, la aceleración (y por ende la caída de presión) indica, indirectamente, el caudal del fluido.

Una forma común para obtener aceleración lineal en un líquido que se mueve, es hacer pasar el fluido a través de un estrechamiento de la tubería, incrementando de esta forma su velocidad (recordar que aceleración es lo mismo que cambio de velocidad). La siguiente ilustración (Fig. 1.3) muestra algunos dispositivos para aceleración lineal cuando son

1.1. CAUDALÍMETROS BASADOS EN PRESIÓN

colocados en tuberías con transmisores de presión diferencial conectados para medir la caída de presión resultante de esta aceleración.

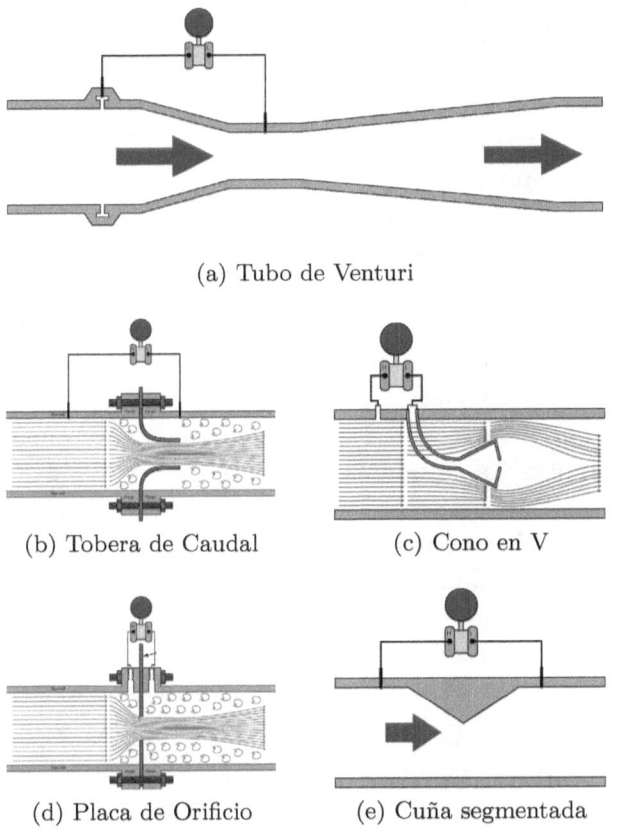

(a) Tubo de Venturi

(b) Tobera de Caudal

(c) Cono en V

(d) Placa de Orificio

(e) Cuña segmentada

Figura 1.3: Dispositivos de caudal de aceleración lineal

Otra forma en la que podemos acelerar el fluido es forzarlo a que doble una esquina a través de un codo de tubería. Esto generará aceleración radial, causando una diferencia de presión entre el exterior y el interior del codo lo que puede ser medido por un transmisor de presión diferencial (Fig. 1.4).

La toma de presión ubicada en el exterior del codo registra una presión mayor que la toma ubicada en el interior de la vuelta del codo debido a la fuerza inercial de la masa de fluido que está siendo lanzada hacia afuera de la vuelta a medida que avanza por el codo.

Otra forma de provocar un cambio en la velocidad de fluido es forzarlo a que se desacelere haciendo que una porción de éste quede totalmente detenida. La presión generada por esta desaceleración (llamada presión de estancamiento) nos dice que tan rápido estaba fluyendo antes. Algunos pocos dispositivos trabajan según este principio, como se muestra en (Fig. 1.5).

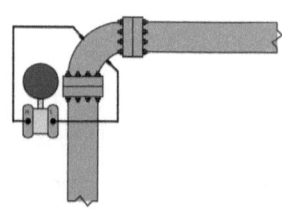

Figura 1.4: Elemento de codo de tubería

La secciones siguientes exploran diferentes elementos primarios para generar presión diferencial en un fluido. A pesar de la gran variedad de diseños, estos operan siguiendo el mismo principio fundamental: hacer que el fluido se acelere o desacelere mediante un cambio forzado de la trayectoria de caudal y luego generar una diferencia de presión mensurable. La siguiente sección introducirá un dispositivo llamado *Tubo de Venturi*, usado para medir el caudal y luego derivará las relaciones matemáticas entre presión de fluido y caudal comenzando por las leyes físicas básicas de conservación.

1.1.1 Tubos de Venturi y principios básicos

El ejemplo más popular de un dispositivo que crea un cambio de presión mediante la aceleración de la corriente de fluido es el Tubo de Venturi (Fig. 1.6): un tubo intencionalmente estrechado para crear una región de baja presión. Como mostrado anteriormente, los Tubos de Venturi no son la única estructura capaz de producir una caída de presión dependiente de caudal. Se debe tener en mente esto mientras se derivan ecuaciones relacionando el caudal con el cambio de presión: aunque el Tubo de Venturi es la forma más simple (canónica), las mismas relaciones matemáticas se pueden aplicar a todos los elementos de caudal que generan un

1.1. CAUDALÍMETROS BASADOS EN PRESIÓN

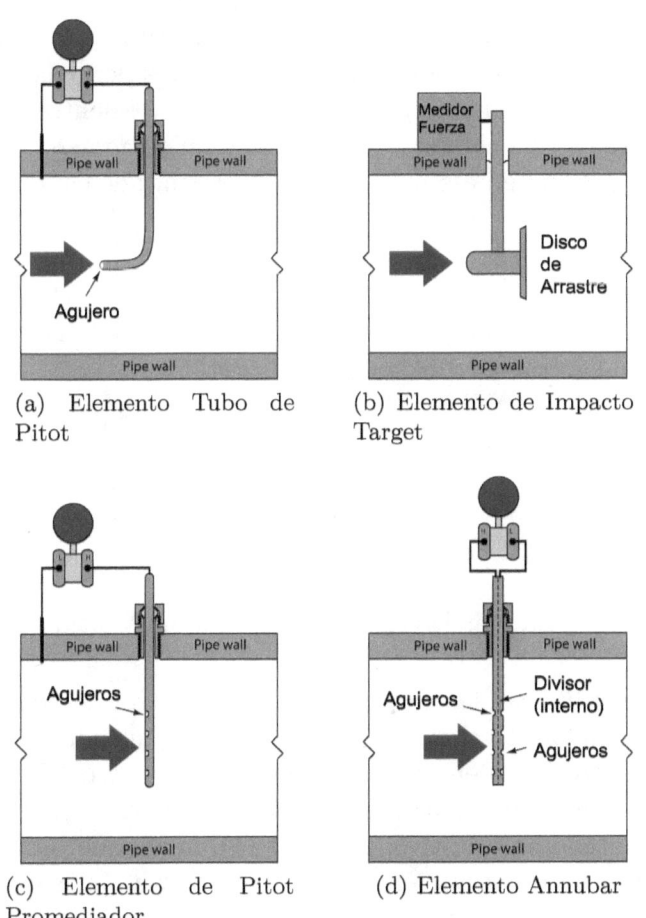

(a) Elemento Tubo de Pitot

(b) Elemento de Impacto Target

(c) Elemento de Pitot Promediador

(d) Elemento Annubar

Figura 1.5: Dispositivos que funcionan desacelerando

caída de presión en un fluido acelerado, lo que incluye placas con orificio, toberas *nozzles* de caudal, conos en V, cuñas segmentadas, codos de tubo, tubos de Pitot, etc..

Si el fluido que va por un Tubo de Venturi es un líquido a una presión relativamente baja, podemos mostrar claramente la presión de fluido en diferentes puntos del tubo por medio de *piezometers*, los que son tubos transparentes permitiéndonos ver alturas de columna de líquido (Fig. 1.6). Mientras mayor la altura de una columna de líquido en un *piezometer*, mayor será la presión en ese punto en una corriente de caudal:

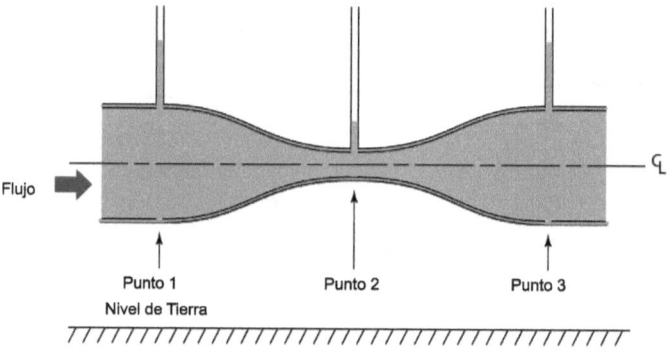

Figura 1.6: Presiones en el Tubo de Venturi

Como indican las alturas de los piezómetros de líquido, la presión en el estrechamiento (punto 2) es la menor, mientras que las presiones en las porciones más anchas del Tubo de Venturi (puntos 1 y 3) son las mayores (Fig. 1.6). Esto es un resultado no intuitivo, pero tiene su fundamento firme en las leyes de conservación de masa y energía. Si asumimos que no se ha agregado energía (por una bomba) o perdido (debido a la fricción) a medida que el fluido atraviese el tubo, entonces la Ley de Conservación de la Energía describe una situación en la que la energía del fluido debe permanecer constante en todos los puntos de la tubería. Si asumimos que no haya uniones con fluidos procedentes de otra tubería, o que se pierda fluido a través de fugas *leaks*, entonces la Ley de Conservación de la Masa describe una situación en la que

1.1. CAUDALÍMETROS BASADOS EN PRESIÓN

el caudal de masa debe permanecer constante en todos los puntos de la tubería mientras circule por este.

Siempre que la densidad de fluido permanezca constante (lo que es una suposición razonable para los gases cuando los cambios de presión en el Tubo de Venturi sean modestos), la velocidad del fluido debiese incrementarse a medida que el área de la sección transversal de la tubería sea menor, como está previsto según La Ley de Continuidad (Ec. 1.1):

$$A_1\overline{v_1} = A_2\overline{v_2} \tag{1.1}$$

Intercambiando las variables en esta ecuación para usar velocidades en lugar de áreas, podemos llegar al siguiente resultado:

$$\frac{\overline{v_2}}{\overline{v_1}} = \frac{A_1}{A_2} \tag{1.2}$$

Esta ecuación (Ec. 1.1.1) nos dice que el cociente entre la velocidad de fluido en la garganta estrecha (punto 2) y la velocidad de fluido en la boca ancha (punto 1) de la tubería debe ser igual que el cociente del área de la boca y del área de la garganta. Por lo tanto, si la boca de la tubería tuviese un área cinco veces mayor que el área de la garganta, podríamos esperar que la velocidad de fluido en la garganta fuese cinco veces mayor que la velocidad en la boca. En forma simple, la garganta estrecha hace que el fluido se acelere desde una velocidad menor a una mayor.

Se sabe que la energía cinética es proporcional al cuadrado de la velocidad másica ($E_k = \frac{1}{2}mv^2$). Si conocemos que las moléculas de fluido incrementan su velocidad a medida que atraviesen la garganta del Tubo de Venturi, podemos concluir con seguridad que en esas moléculas la energía cinética debe incrementarse también. De todas formas, sabemos también que la energía total en cualquier punto de la corriente de fluido debe permanecer constante, porque ninguna energía ha sido agregada o sustraída de la corriente en este sistema simple de fluido. Entonces, si la energía cinética se incrementa en la garganta, la energía potencial debiese disminuir proporcionalmente para mantener la cantidad total de energía constante en cualquier punto del fluido.

La energía potencial puede manifestarse como altura por encima de la tierra, o como presión en un sistema de fluido. Puesto que el Tubo de Venturi está nivelado con respecto a tierra, no puede haber un cambio de altura para generar un cambio de energía potencial. Entonces, debe existir un cambio de presión P a medida que el fluido atraviese la garganta de Venturi. Las leyes de Conservación de la Energía y la Masa invariablemente llevan a esta conclusión: la presión de fluido debe disminuir si atraviesa la garganta estrecha del Tubo de Venturi.

La conservación de energía en diferentes puntos de la corriente de fluido se expresa claramente en la Ecuación de Bernoulli (Ec. 1.3) por una suma constante de elevación, presión y diferencias de velocidad *velocity heads*:

$$z_1 \rho g + \frac{v_1^2 \rho}{2} + P_1 = z_2 \rho g + \frac{v_2^2 \rho}{2} + P_2 \qquad (1.3)$$

Donde,

z = Altura del fluido (desde un punto de referencia común, usualmente nivel de tierra)

ρ = Densidad de Masa de un fluido

g = Aceleración de la gravedad

v = Velocidad del fluido

P = Presión del fluido

Podemos usar la Ecuación de Bernoulli para desarrollar una relación matemática precisa entre la presión y el caudal en un Tubo de Venturi. Para simplificar la tarea, podremos suponer lo siguiente para nuestro sistema de Tubo de Venturi.

1. No hay pérdidas o ganancias de energía en el Tubo de Venturi (toda la energía se conserva)

1.1. CAUDALÍMETROS BASADOS EN PRESIÓN

2. No hay pérdidas o ganancias de masa en el Tubo de Venturi (toda la masa se conserva)

3. El fluido es incompresible

4. La línea central del Tubo de Venturi está nivelada (no hay que considerar cambios de altura)

Aplicando las dos suposiciones en la Ecuación de Bernoulli, podemos ver que el término *elevation head* cae en los dos lados por igual, porque z, ρ y g son iguales en todos los puntos del sistema:

$$\frac{v_1^2 \rho}{2} + P_1 = \frac{v_2^2 \rho}{2} + P_2$$

Ahora, podremos arreglar esta ecuación para mostrar presiones en los puntos 1 y 2 en términos de velocidad en los puntos 1 y 2:

$$\frac{v_2^2 \rho}{2} - \frac{v_1^2 \rho}{2} = P_1 - P_2$$

Factorizando $\rho/2$ en términos de *velocity head*:

$$\frac{\rho}{2}(v_2^2 - v_1^2) = P_1 - P_2$$

La Ley de Continuidad (Ec. 1.1) nos muestra la relación entre velocidades v_1 y v_2 y las áreas en esos puntos del Tubo de Venturi, asumiendo densidad constante ρ:

$$A_1 v_1 = A_2 v_2$$

Específicamente, necesitamos arreglar esta ecuación para definir v_1 en términos de v_2 de tal forma que podamos substituir en la Ecuación de Bernoulli:

$$v_1 = \left(\frac{A_2}{A_1}\right) v_2$$

Realizando la sustitución:

$$\frac{\rho}{2}(v_2^2 - \left[\left(\frac{A_2}{A_1}\right)v_2\right]^2) = P_1 - P_2$$

Distribuyendo la potencia cuadrada:

$$\frac{\rho}{2}(v_2^2 - \left(\frac{A_2}{A_1}\right)^2 v_2^2) = P_1 - P_2$$

Factorizando v_2^2 fuera de los paréntesis externos:

$$\frac{\rho v_2^2}{2}(1 - \left(\frac{A_2}{A_1}\right)^2) = P_1 - P_2$$

Despejando v_2, paso por paso:

$$\frac{\rho v_2^2}{2} = \left(\frac{1}{1 - \left(\frac{A_2}{A_1}\right)^2}\right)(P_1 - P_2)$$

$$\rho v_2^2 = 2\left(\frac{1}{1 - \left(\frac{A_2}{A_1}\right)^2}\right)(P_1 - P_2)$$

$$v_2^2 = 2\left(\frac{1}{1 - \left(\frac{A_2}{A_1}\right)^2}\right)\left(\frac{P_1 - P_2}{\rho}\right)$$

$$va_2 = \sqrt{2}\frac{1}{\sqrt{1 - \left(\frac{A_2}{A_1}\right)^2}}\sqrt{\frac{P_1 - P_2}{\rho}}$$

El resultado muestra cómo despejar la velocidad de fluido en la garganta de Venturi v_2 basado en la diferencia de presión

1.1. CAUDALÍMETROS BASADOS EN PRESIÓN

medida entre la boca y la garganta $P_1 - P_2$. En este punto, estamos a un paso de la ecuación volumétrica, y es convertir la velocidad v en el caudal Q. La velocidad se expresa en unidades de longitud por tiempo (pies o metro por segundo o minuto), mientras que el caudal volumétrico se expresa en unidades de volumen por tiempo (pie cúbico o metro cúbico por segundo o minuto). Simplemente multiplicando la velocidad de la garganta v_2 por el área de la garganta A_2 nos dará el resultado que buscamos:

Relación general de caudal/área/velocidad

$$Q = Av$$

Ecuación para la velocidad de la garganta:

$$v_2 = \sqrt{2}\frac{1}{\sqrt{1 - \left(\frac{A_2}{A_1}\right)^2}}\sqrt{\frac{P_1 - P_2}{\rho}}$$

Multiplicado ambos lados de la ecuación por el área de la garganta:

$$A_2 v_2 = \sqrt{2}A_2\frac{1}{\sqrt{1 - \left(\frac{A_2}{A_1}\right)^2}}\sqrt{\frac{P_1 - P_2}{\rho}}$$

Ahora tenemos una ecuación que resuelve el caudal volumétrico en términos de presiones y áreas:

$$Q = \sqrt{2}A_2\frac{1}{\sqrt{1 - \left(\frac{A_2}{A_1}\right)^2}}\sqrt{\frac{P_1 - P_2}{\rho}} \quad (1.4)$$

Note cuantas constantes tenemos en esta ecuación. Para cualquier Tubo de Venturi, la boca y la garganta A_1 y A_2 es fijo. Esto significa que casi la mitad de las variables encontradas dentro de esta ecuación larga son realmente constantes para cualquier Tubo de Venturi y entonces no cambian con la presión, la densidad o el caudal. Conociendo esto, podemos reescribir la ecuación como una simple proporción:

$$Q \propto \sqrt{\frac{P_1 - P_2}{\rho}}$$

Para hacer esto matemáticamente más preciso, podemos insertar una **constante de proporcionalidad** y una vez más tenemos una verdadera ecuación para trabajar:

$$Q = k\sqrt{\frac{P_1 - P_2}{\rho}}$$

1.1.2 Cálculos de caudal volumétrico

Como se ha visto en la subsección anterior, podemos derivar una ecuación relativamente simple para predecir el caudal a través de un elemento acelerador de fluido dada la caída de presión generada por este elemento y la densidad del fluido que fluye a través de éste:

$$Q = k\sqrt{\frac{P_1 - P_2}{\rho}}$$

Esta ecuación es una versión simplificada que depende de la construcción física del Tubo de Venturi:

$$Q = \sqrt{2} A_2 \frac{1}{\sqrt{1 - \left(\frac{A_2}{A_1}\right)^2}} \sqrt{\frac{P_1 - P_2}{\rho}}$$

Como se puede ver, la constante de proporcionalidad k mostrada en esta simple ecuación no es nada más que una versión compacta de la primera mitad de la ecuación más larga: k representa la geometría del Tubo de Venturi. Si definimos k usando las áreas de la boca y la garganta

1.1. CAUDALÍMETROS BASADOS EN PRESIÓN   15

A_1, A_2 de cualquier Tubo de Venturi particular, debemos expresar muy cuidadosamente las presiones y densidades en unidades de medición compatibles. Por ejemplo, con k estrictamente definido por la geometría del elemento de caudal (áreas del tubo medidas en un pie cuadrado), el caudal calculado debe estar en unidades de pie cúbico por segundo, los valores de presión P_1 y P_2 deben estar en unidades de libras *pounds* por pie cuadrado, y la unidad de masa debe estar en unidades de *slugs* por pie cúbico. No podemos escoger arbitrariamente diferentes unidades de mediciones para estas variables, porque las unidades deben concordar entre sí. Si deseáramos usar unidades más convenientes tales como pulgadas de columna de agua para la presión y la gravedad específica (sin unidad) para la densidad, la ecuación original (más larga) simplemente no trabajará.

Como quiera, si conociéramos la presión diferencial producida por un elemento de caudal de tubo para cualquier densidad de fluido particular de un caudal dado (condiciones reales), podríamos calcular el valor de k de esta ecuación corta que haga que todos estas mediciones concuerden entre ellas. En otras palabras, podemos usar la constante de proporcionalidad k como un factor de corrección de unidad de medida definida por la geometría del elemento. Esta es una propiedad útil de todas las proporcionalidades: simplemente inserte valores (expresados en cualquier unidad de medida) determinado por experimento físico y despeje el valor de la constante de proporcionalidad para que satisfaga la expresión como una ecuación. Si hacemos esto, el valor a que llegamos para k automáticamente compensará cualesquiera unidad de medición que escogiésemos arbitrariamente para la presión y la densidad.

Por ejemplo, si conocemos que una Placa de Orificio particular genera 45"de columna de agua de presión diferencial a un caudal de 180 galones de agua por minuto (gravedad específica = 1), podemos insertar estos valores en la ecuación y despejar k:

$$Q = k\sqrt{\frac{P_1 - P_2}{\rho}}$$

$$180 = k\sqrt{\frac{45}{1}}$$

$$k = \frac{180}{\sqrt{\frac{45}{1}}} = 26.83$$

Ahora tenemos el valor de k (26.83) que lleva a un caudal en unidades de galones por minuto dada la presión diferencial en unidades de pulgadas de columna de agua y densidad expresada como una gravedad específica para esta Placa de Orificio en particular. A partir de este hecho conocido, válido en el comportamiento de todos los elementos de caudal aceleradores (caudal proporcional a la raíz cuadrada de la presión dividida por la densidad) y a partir de un conjunto de valores experimentalmente determinados para esta Placa de Orificio en particular, conocemos que tenemos una ecuación útil para calcular el caudal dado por cualquier conjunto de valores de presión y densidad que podamos encontrar para esta Placa de Orificio en particular:

$$\left[\frac{\text{gal}}{\text{min}}\right] = 26.83\sqrt{\frac{[\text{"W.C.}]}{\text{Gravedad Específica}}}$$

Aplicando nuestra nueva ecuación a esta Placa de Orificio, vemos que 60 pulgadas de columna de agua de presión diferencial generados por un caudal de agua (gravedad específica = 1) se iguala a 207.8 galones por minuto de caudal:

$$Q = 26.83\sqrt{\frac{60}{1}}$$

1.1. CAUDALÍMETROS BASADOS EN PRESIÓN

$$Q = 207.8 \text{ GPM}$$

Si hubiese que medir 110" de columna de agua de presión diferencial a través de esta Placa de Orificio como gasolina (gravedad específica = 0.657) que pasó a través de este, podríamos calcular el caudal como 347 galones por minuto:

$$Q = 26.83\sqrt{\frac{110}{0.657}}$$

$$Q = 347 \text{ GPM}$$

Suponga, que queremos tener una ecuación para calcular el caudal a través de la misma Placa de Orificio dada la presión y la densidad en unidades diferentes (digamos, kPa en lugar de pulgadas de columna de agua y kilogramos por metro cúbico en lugar de gravedad específica). Para hacer esto, podríamos necesitar recalcular la constante de proporcionalidad k para acomodar estas nuevas unidades de medidas. Para hacer esto todo lo que necesitamos es un conjunto único de datos experimentales para la Placa de Orificio que relacione el caudal en GPM, la presión en kPa y la densidad en kg/m^3.

Aplicando esto a nuestros datos originales donde el caudal de agua a 180 GPM resulta en una caída de presión de 45" de columna de agua, podríamos convertir la caída de presión de 45"W.C. en 11.21 kPa y expresar la densidad como 1000kg/m^3 y despejar el nuevo valor de k:

$$Q = k\sqrt{\frac{P_1 - P_2}{\rho}}$$

$$180 = k\sqrt{\frac{11.21}{1000}}$$

$$k = \frac{180}{\sqrt{\frac{11.21}{1000}}} = 1700$$

Nada habrá cambiado en la geometría de la Placa de Orificio, solamente las unidades de medición que hayamos escogido para trabajar. Ahora tenemos un valor de k (1700) para la misma Placa de Orificio teniendo el caudal en unidades de galones por minuto dada la presión diferencial en unidades de kiloPascal y la densidad en unidades de kilogramos por metro cúbico.

$$\left[\frac{\text{gal}}{\text{min}}\right] = 1700 \sqrt{\frac{[\text{kPa}]}{\text{kg/m}^3}}$$

Si tuviésemos la caída de presión en kPa y la densidad de fluido en kg/m^3 para esta Placa de Orificio, podríamos calcular el caudal correspondiente (en GPM) con nuestro nuevo valor de k (1700) tan fácil como si lo hubiésemos hecho con el valor anterior de k (26.83) dada la presión en "W.C. y la gravedad específica.

1.1.3 Cálculos de caudal de masa

Las mediciones de caudal de masa son preferidos en lugar de las mediciones de caudal volumétrico en las aplicaciones de proceso donde el balance de masa (monitorear las tasas de entrada de masa y de salida para un proceso) sea importante. Sin importar que las mediciones de caudal de un fluido estén dadas en unidades de galones por minuto o metros cúbicos por segundo, las mediciones de caudal de masa siempre expresan el caudal de fluido en términos de la unidades de masa real en el tiempo, tales como pounds (masa) por segundo o kilogramos por minuto. Las aplicaciones de mediciones de caudal de masa incluyen la Transferencia de Custodia (donde un producto fluido es comprado o vendido por su masa), procesos de reacciones químicas (donde el caudal de masa de reactivos debe ser mantenido en una proporción constante para que la reacción química deseada ocurra) y sistemas de control de calderas de vapor (donde el caudal de salida de vapor debe ser balanceado por un caudal de entrada de agua líquida hacia la caldera – aquí, las comparaciones volumétricas de vapor y agua serían inútiles porque un pie cúbico de vapor, con seguridad, no tendrá el mismo número de moléculas de H_2O que un metro cúbico de agua).

Si quisiésemos calcular el caudal de masa en lugar del caudal volumétrico, la ecuación no cambiaría mucho. La relación entre volumen V y masa m para una muestra de fluido es su densidad de masa ρ:

$$\rho = \frac{m}{V}$$

Similarmente, la relación entre un caudal volumétrico Q y un caudal de masa también es la densidad de masa del fluido ρ:

$$\rho = \frac{W}{Q}$$

Al despejar W en esta ecuación se llega a un producto de caudal volumétrico y densidad de masa:

$$W = \rho Q$$

Un chequeo de análisis dimensional rápido que emplea unidades métricas confirma este hecho. Un caudal de masa en kilogramos por segundo sería obtenido multiplicando la densidad de masa en kilogramos por metro cúbico por un caudal en metros cúbicos por segundo:

$$\left[\frac{\text{kg}}{\text{s}}\right] = \left[\frac{\text{kg}}{\text{m}^3}\right] \left[\frac{\text{m}^3}{\text{s}}\right]$$

Por tanto, todo lo que tenemos que hacer para convertir nuestra ecuación de caudal volumétrico general en un ecuación de caudal de masa es multiplicar ambos lados por densidad de caudal ρ:

$$Q = k\sqrt{\frac{P_1 - P_2}{\rho}}$$

$$\rho Q = k\rho\sqrt{\frac{P_1 - P_2}{\rho}}$$

$$W = k\rho\sqrt{\frac{P_1 - P_2}{\rho}}$$

Generalmente no se considera elegante mostrar la misma variable más de una vez en una ecuación si no es necesario, por lo que tratemos de consolidar las dos densidades ρ usando álgebra. Primero, debemos escribir ρ como el producto de dos raíces cuadradas:

$$W = k\sqrt{\rho}\sqrt{\rho}\sqrt{\frac{P_1 - P_2}{\rho}}$$

Ahora, podremos separa el último radical en dos cocientes de dos raíces cuadradas separadas:

$$W = k\sqrt{\rho}\sqrt{\rho}\frac{\sqrt{P_1 - P_2}}{\sqrt{\rho}}$$

Ahora, podemos ver como una de los términos de las raíces cuadradas se cancelan en el denominador de la fracción.

$$W = k\sqrt{\rho}\sqrt{P_1 - P_2}$$

1.1. CAUDALÍMETROS BASADOS EN PRESIÓN

También es poco elegante tener muchos radicandos en una ecuación donde solo uno sería suficiente, por eso reescribiremos nuestra ecuación para mejorar la estética. Sabemos que $\sqrt{a}\sqrt{b} = \sqrt{ab}$, lo que nos permite reescribir:

$$W = k\sqrt{\rho(P_1 - P_2)}$$

Como con la ecuación de caudal volumétrico, todo lo que necesitamos para llegar a un valor de k conveniente para cualquier elemento de caudal en particular es un conjunto de valores tomados desde el Elemento Primario real en servicio, expresado en las unidades de medición que necesitamos.

Por ejemplo, si tenemos un Tubo de Venturi generando una presión diferencial de 2.30 kPa a un caudal de masa de 500 kg pr minuto de Nafta (un producto de petróleo que tiene una densidad de 0.665 kg por litro), podemos resolver para un valor de k para este Tubo de Venturi como:

$$W = k\sqrt{\rho(P_1 - P_2)}$$

$$500 = k\sqrt{(0.665)(2.3)}$$

$$k = \frac{500}{\sqrt{(0.665)(2.3)}}$$

$$k = 404.3$$

Ahora que conocemos el valor de 404.3 para k, podremos calcular el caudal de líquido en kg por minuto a través de este Tubo de Venturi dada la presión en kPa y la densidad en kg por litro, podemos predecir el caudal de masa a través de este tubo para cualquier otra caída de presión y densidad de caudal que pudiésemos encontrar. El valor de 404.3 para k relaciona las unidades de medida:

$$\left[\frac{\text{kg}}{\text{min}}\right] = 404.3\sqrt{\left[\frac{\text{kg}}{\text{l}}\right][\text{kPa}]}$$

Como con los cálculos de caudal volumétrico, el valor calculado de k claramente considera cualquier conjunto de unidades de medida que escojamos arbitrariamente. La clave consiste en escoger primeramente la relación proporcional entre el caudal, la caída de presión y la densidad. Una vez que combinamos la proporcionalidad con un conjunto específico de datos experimentales adquiridos desde un elemento de caudal particular, tenemos una ecuación verdadera relacionando todas las variables en las unidades de medición escogidas.

Para medir 6.1 kPa de presión diferencial en el mismo Tubo de Venturi transportando agua de mar (densidad = 1.03 kg por litro), se podría calcular el caudal de masa muy fácilmente usando la misma ecuación (con el factor k de 404.3):

$$W = 404.3\sqrt{(1.03)(6.1)}$$

$$W = 1013.4 \, \frac{\text{kg}}{\text{min}}$$

1.1.4 Condicionamiento de raíz cuadrada

Ahora se puede ver que la relación entre el caudal (sea volumétrico o de masa) y presión diferencial para cualquier elemento acelerador de caudal es no lineal: duplicando el caudal no resultará en el doble de presión diferencial. En su lugar, una duplicación del caudal resultará en una cuadruplicación de la presión diferencial.

Cuando se plotea en un gráfico (Fig. 1.7), la relación entre el caudal Q y la presión diferencial ΔP es cuadrática, como una mitad de parábola. La presión diferencial generada por elementos de Venturi, de Placa de Orificio, de Tubo de Pitot o de cualquier otro elemento basado en aceleración es proporcional al cuadrado del caudal.

Una consecuencia desafortunada de esta relación cuadrática es que el instrumento primario de presión

1.1. CAUDALÍMETROS BASADOS EN PRESIÓN   23

conectado a este Elemento Primario de Caudal no detectará directamente el caudal. En su lugar, el instrumento primario de presión sensará lo que es el cuadrado del caudal. El instrumento puede medir correctamente en los extremos del intervalo de medición (0% y 100%) si estuviese correctamente calibrado para el Elemento Primario de Caudal al que está conectado, pero fallará para hacer indicaciones lineales entre ambos punto. Cualquier indicador, registrador o controlador conectado a este instrumento sensor de presión fallará de la misma forma en cualquier punto entre 0% y 100%, porque la señal de presión no es una representación directa del caudal.

Para tener indicadores, registradores y controladores que realmente registren linealmente con el caudal, debemos condicionar matemáticamente la señal de presión sensada por el instrumento de presión diferencial.

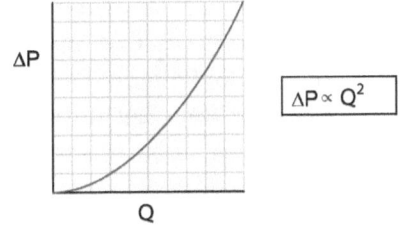

Figura 1.7: Relación entre caudal (Q) y presión diferencial ΔP para un elemento acelerador de caudal

Puesto que la función matemática inherente al elemento de caudal es cuadrática, el condicionamiento apropiado para la señal debe implementar la función inversa: raíz cuadrada. Solamente tomando la raíz cuadrada del cuadrado de un número se obtiene el número original (solo cuando los números sean positivos), tomar la raíz cuadrada de la señal de presión diferencial – que es una función cuadrática del caudal – lleva a una señal que represente directamente el caudal.

El método tradicional de implementar el condicionamiento es insertar una función de raíz cuadrada entre el transmisor y el indicador de caudal, como se muestra en el siguiente diagrama (Fig. 1.8a).

Mediciones continuas de Caudal

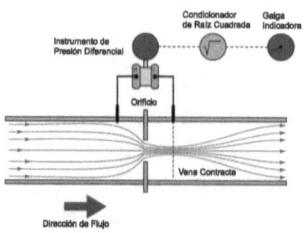
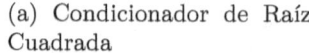
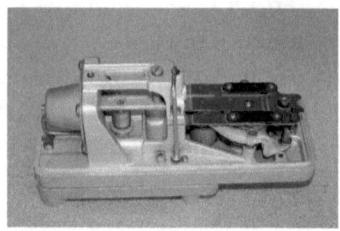

(a) Condicionador de Raíz Cuadrada

(b) Extractor de Raíz Cuadrada Neumático

Figura 1.8: Condicionamiento de Raíz Cuadrada

La solución moderna a este problema es incorporar condicionamiento de señal de raíz cuadrada, ya sea, al interior del transmisor o dentro del instrumento receptor (Indicador, Registrador o Controlador). De cualquier forma, la función de raíz cuadrada debe ser implementada en el lazo de control *loop* para que el caudal sea medido adecuadamente en todo el intervalo de medición.

En los días de instrumentación neumática, la función de raíz cuadrada fue implementada en un dispositivo separado llamado extractor de raíz cuadrada. El Extractor de Raíz Cuadrada Neumático modelo 557 de Foxboro Corporation (Fig. 1.8b) es un ejemplo clásico de esta tecnología.

Los relés de extracción de raíz cuadrada neumáticos aproximan la función de raíz cuadrada por medio de fuerza triangulada o movimiento. En esencia, son relés de funciones trigonométricas, no relés de raíz cuadrada. De todas formas, para movimientos angulares pequeños, cierta funciones trigonométricas están lo suficientemente cerca de la función de raíz cuadrada para que los relés cumplan su función de condicionar la señal de salida de un sensor de presión para conseguir una señal que represente el caudal.

La tabla (Fig. 1.1) muestra la respuesta ideal de un relé neumático de raíz cuadrada:

Como se puede ver en tabla, la relación raíz cuadrada es más evidente cuando se comparan los valores en porcentaje

1.1. CAUDALÍMETROS BASADOS EN PRESIÓN

Tabla 1.1: Función de transferencia de un relé neumático extractor de raíz cuadrada

Señal de entrada	Entrada %	Salida %	Señal de salida
3 PSI	0%	0%	3 PSI
4 PSI	8.33%	28.87%	6.464 PSI
5 PSI	16.67%	40.82%	7.899 PSI
6 PSI	25%	50%	9 PSI
7 PSI	33.33%	57.74%	9.928 PSI
8 PSI	41.67%	64.55%	10.75 PSI
9 PSI	50%	70.71%	11.49 PSI
10 PSI	58.33%	76.38%	12.17 PSI
11 PSI	66.67%	81.65%	12.80 PSI
12 PSI	75%	86.60%	13.39 PSI
13 PSI	83.33%	91.29%	13.95 PSI
14 PSI	91.67%	95.74%	14.49 PSI
15 PSI	100%	100%	15 PSI

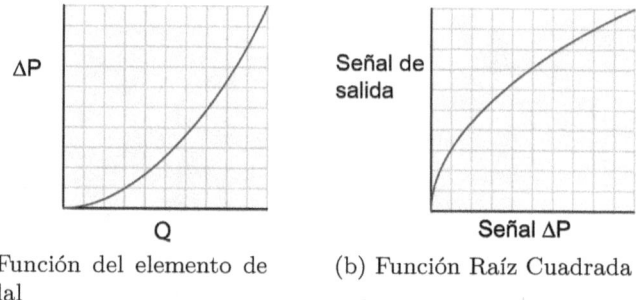

(a) Función del elemento de caudal

(b) Función Raíz Cuadrada

Figura 1.9: Efecto de la extracción de Raíz Cuadrada

de la entrada y salida. Por ejemplo, para una señal de entrada de presión de 6 PSI (25%), el porcentaje de la señal de salida será la raíz cuadrada de 25%, lo que representa el 50% ($0.5 = \sqrt{0.25}$) o 9 PSI de una señal neumática. Para otra señal de entrada de presión de 10 PSI (58.33%), el porcentaje de la señal de salida será de 76.38%, debido a que $0.7638 = \sqrt{0.5833}$, llevando a una señal de presión de salida de 12.17 PSI.

Cuando sea graficada (Fig. 1.9), la función de extracción de raíz cuadrada invierte la función cuadrática de un elemento sensor de caudal tal como una Placa de Orificio, un Tubo de Venturi o un Tubo de Pitot:

En modo cascada – la función de raíz cuadrada se coloca inmediatamente después de la función cuadrada del elemento de caudal – esto resulta en señales de salidas que rastrean linealmente el caudal Q. Un instrumento conectado a la señal del relé de raíz cuadrada registrará entonces un caudal.

Aunque los relés analógicos electrónicos de raíz cuadrada se usen en la industria para condicionar la salida de 4-20 mA de los transmisores electrónicos, una aplicación más común es tener transmisores DP con la función de raíz cuadrada interconstruida. De esta forma, no se necesitan los dispositivos externos de relés para condicionar la señal del transmisor DP en una señal de caudal:

Utilizando un transmisor DP condicionado, cualquier

1.1. CAUDALÍMETROS BASADOS EN PRESIÓN   27

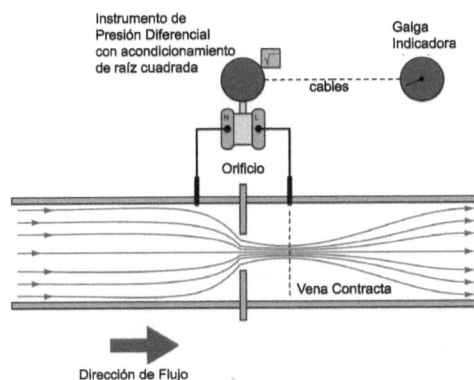

Figura 1.10: Instrumentos de Presión Diferencial con acondicionamiento de raíz cuadrada interconstruida

instrumento de sensado de 4-20 mA conectado a los cables de salida del transmisor interpretará directamente la señal como caudal en lugar de presión. Se muestra una tabla de calibración (Tab. 1.2) para este transmisor DP (con un intervalo de entrada de 0 a 150" de columna de agua).

Se ve cómo la relación de raíz cuadrada es la más evidente en comparación con los porcentajes de entrada y salida. Note como los cuatro conjuntos de porcentajes en esta tabla coinciden precisamente con cuatro conjuntos de la tabla del relé neumático: una entrada de 0% da 0% de salida; 25% de entrada da 50% de salida, 50% de entrada da 70.71% de salida, etc..

Una solución ingeniosa al problema del condicionamiento de raíz cuadrada, que fue muy común antes de que se usasen los transmisores DP con acondicionamiento integrado, es usar lo dispositivos indicadores con escala indicadora de tipo raíz-cuadrada. Por ejemplo: la siguiente foto (Fig. 1.11) muestra una galga receptora de 3-15 PSI diseñada para sensar directamente la salida de un transmisor DP neumático.

Tabla 1.2: Tabla de calibración para un transmisor de presión diferencial

Presión Diferencial	% Alcance	Salida %	Señal salida
0 "W.C.	0%	0%	4 mA
37.5 "W.C.	25%	50%	12 mA
75 "W.C.	50%	70.71%	15.31 mA
112.5 "W.C.	75%	86.60%	17.86 mA
150 "W.C.	100%	100%	20 mA

Note como el mecanismo de galga responde directa y linealmente a un intervalo de señal de 3-15 PSI de entrada, pero observe cómo las marcas de caudal (0 a 10 en el lado interno de la escala del arco) están espaciadas de una forma NO lineal.

Una variación electrónica es dibujar una escala de tipo raíz cuadrada en la cara de un medidor de movimiento accionado por una señal de 4-20 mA de la señal de salida de un transmisor DP electrónico (Fig. 1.12).

Figura 1.11: Galga receptora con escala no lineal

Como con la galga receptora de raíz cuadrada, la respuesta del movimiento del metro a la señal del transmisor es lineal. Note que hay una escala lineal (marcada con texto negro LINEAR) en la parte inferior y una escala de raíz cuadrada en la parte superior (marcada como FLOW en color magenta). Esto permite que el operario pueda leer la escala en términos de unidades de caudal. En vez de usar mecanismos

Figura 1.12: Galga con dos escalas

1.1. CAUDALÍMETROS BASADOS EN PRESIÓN 29

complicados o circuitería para acondicionar la señal del transmisor, una escala no lineal realiza la matemática necesaria para interpretar el caudal.

La mayor desventaja de esta solución es que la señal del transmisor igual permanece sin estar acondicionada. Otro instrumento que reciba esta señal no acondicionada requerirá su propio acondicionador de raíz cuadrada o no podrá interpretar la señal en términos de caudal. Una señal de caudal no acondicionada podría causar inestabilidad del lazo en el controlador de proceso cuando el caudal sea alto, donde pequeños cambios en el caudal causarían enormes cambios en la presión diferencial sensada por el transmisor. Una gran parte de los lazos de control de caudal instalados trabajan sin acondicionamiento pero solo pueden alcanzar buen control de caudal en un valor de *setpoint*. Si el operador subiese o bajase el valor de *setpoint*, la ganancia del lazo de control cambiaría gracias a las no linealidades del elemento de caudal, lo que causaría una reacción muy exagerada o demasiado baja del controlador.

A pesar de lo poco práctico de las escalas indicadoras no lineales, igual tienen valor para aprender. Examine con cuidado las escalas de la galga y del metro indicador de 4-20mA, comparando los valores de raíz cuadrada y lineales en puntos comunes de la escala. Un par de ejemplos son destacados en al escala del metro eléctrico (Fig. 1.13).

Otra lección que podemos aprender observando las pantallas de los instrumentos citados es el aumento en la incertidumbre en la parte baja de la escala. Note como para cada instrumento indicador (la galga receptora y el metro de movimiento), la escala de raíz cuadrada se comprime en el extremo más bajo, al punto de que se vuelve imposible interpretar los incrementos más pequeños de caudal

Figura 1.13: Comparación entre la escala lineal y la de Raíz Cuadrada

al final de la escala. En el extremo alto de cada escala, existe una situación diferente: los números están tan separados que es fácil leer los cambios más finos en los valores de caudal (Ejemplo: 94% v.s. 95% del caudal). De todas maneras, la escala está tan poblada en el extremo bajo que es realmente imposible distinguir claramente dos valores de caudal diferentes tales como 4% y 5%.

El efecto de poblamiento no es un efecto visual al leer la escala: es un reflejo de la limitación fundamental en la certeza de medición con este tipo de mediciones de caudal. La cantidad de presiones diferenciales que separan valores bajos diferentes de la escala es tan pequeño que incluso leves errores de mediciones de presión se igualan a errores grandes de mediciones de caudal. En otras palabras, se hace más y más difícil tener resolución precisa en las lecturas ante cambio pequeños de caudal a medida que el caudal disminuye hacia la parte baja de la escala. La compresión que se ve en la escala de raíz cuadrada es un reflejo visual del problema principal: aún un error pequeño al interpretar la posición del puntero en la parte baja de la escala puede conducir a errores mayores en la interpretación del caudal.

Un término principal para cuantificar este problema es *turndown*. *Turndown* se refiere al cociente entre las mediciones en la porción alta de la escala y la parte baja que se permite a un instrumento manteniendo una precisión razonable. En los caudalímetros basados en presión, los que deben lidiar con las no linealidades de la Ecuación de Bernoulli, el *turnodown* es frecuentemente de no más de 3 a 1 (3:1). Esto significa que un caudalímetro de de 0 a 300 GPM podría solo ser preciso en un caudal de 100GPM. Abajo de esto, la precisión se deteriora tanto que la medición deja de ser válida. Los avances en la tecnología de los transmisores de presión digital han conseguido mayores cocientes, 10:1 para ciertas instalaciones. De todas maneras, el problema fundamental no es la resolución del transmisor, sino la no linealidad del elemento de caudal en sí mismo. Esto significa que **cualquier** fuente de error de medición de presión – que se haya originado en el sensor de presión en el transmisor o no – compromete nuestra habilidad para medir caudal con precisión en caudales bajos (lentos). Aún con un transmisor **perfectamente** calibrado, los errores resultantes del uso del elemento de caudal (Ejemplo: un filo mellado de una Placa de Orificio o columnas de líquido no equilibradas en los tubos de impulso que conectan al transmisor con el Elemento Primario) causarán grandes errores de mediciones de caudal en la parte baja de la escala donde el Elemento Primario difícilmente produzca una presión diferencial. Cualquiera que tenga que ver con los detalles técnicos de las mediciones de caudal necesita entender este hecho: el problema fundamental del *turndown* limitado proviene de la física de caudal turbulento y los intercambios de energía cinética y potencial en esos elementos de caudal. Los desarrollos tecnológicos pueden ayudar, pero estos no pueden superar las limitaciones impuestas por La Física. En caso de que se necesite mejor *turndown* en una aplicación de medición de fluido, se debe pensar en un tipo diferente de caudalímetro.

1.1.5 Placas de orificio

De todos los elementos de caudal basados en presión, el más común es la Placa de Orificio *orifice plate* (Fig. 1.14). Simplemente es una placa de metal con un agujero en el medio para que el fluido pueda pasar. Las placas de orificio están entre dos bridas *flanges* de una unión de tubería, para permitir la instalación y remoción fácil.

El punto donde el perfil del caudal de fluido se restringe a un mínimo de área transversal después de haber pasado a través del orificio se llama *Vena Contracta* y es el área de presión de fluido mínima. La Vena Contracta equivale al estrechamiento del Tubo de Venturi. La ubicación precisa de la Vena Contracta de una Placa de Orificio puede variar con la forma de instalación de la Placa de Orificio, del caudal y del cociente *Beta ratio* β de la Placa de Orificio, definido como

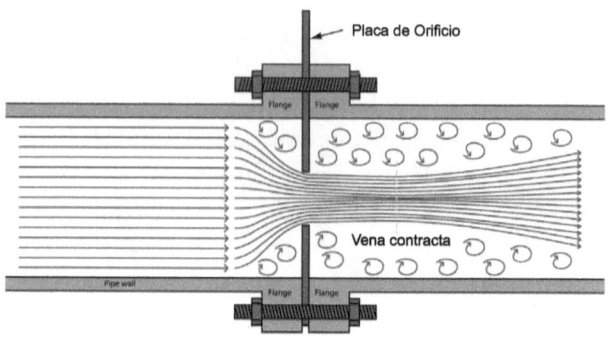

Figura 1.14: Estructura de una placa de orificio

el cociente del diámetro del orificio y el diámetro interior del tubo.

$$\beta = \frac{d}{D}$$

El diseño más simple de la Placa de Orificio es el orificio de lado cuadrado, concéntrico. Este tipo de Placa de Orificio se fabrica mediante el torneado preciso de un orificio recto en el medio de una placa fina de metal. Una vista lateral de un orificio concéntrico de arista cuadrada muestra los extremos agudos del orificio (esquinas de 90°) (Fig. 1.15a).

Las placas de orificio de aristas cuadradas pueden ser instaladas en cualquier dirección, debido a que la Placa de Orificio se ve exactamente igual desde cualquier sentido de acercamiento del fluido. De hecho, esto permite que la Placa de Orificio de arista cuadrada pueda ser usada para medir caudales bidireccionales (en ambos sentidos). Una etiqueta impresa en la "paleta" de cualquier Placa de Orificio normalmente identifica el lado aguas arriba de esa placa, pero en el caso de la Placa de Orificio de arista cuadrada esto no tiene importancia.

El propósito de tener un orificio con arista recta en una

1.1. CAUDALÍMETROS BASADOS EN PRESIÓN   33

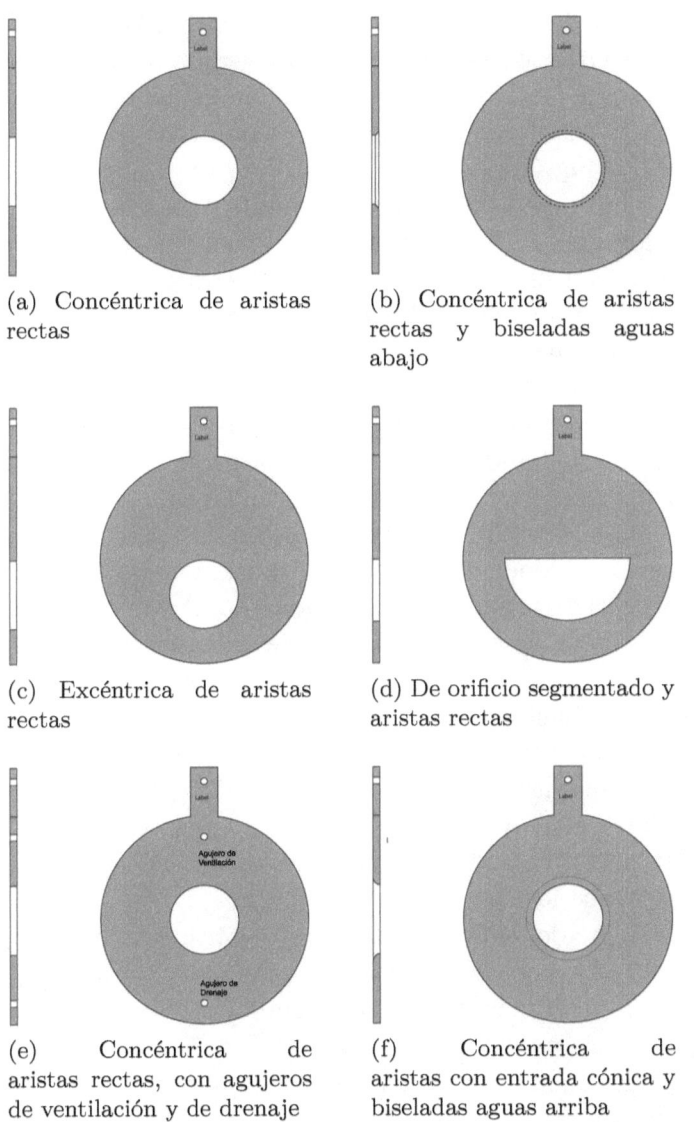

(a) Concéntrica de aristas rectas

(b) Concéntrica de aristas rectas y biseladas aguas abajo

(c) Excéntrica de aristas rectas

(d) De orificio segmentado y aristas rectas

(e) Concéntrica de aristas rectas, con agujeros de ventilación y de drenaje

(f) Concéntrica de aristas con entrada cónica y biseladas aguas arriba

Figura 1.15: Tipos de Placas de Orificio. Vista lateral y vista frontal.

Placa de Orificio es minimizar el contacto con la corriente rápida de fluido que pasa a través del orificio. Idealmente, esta arista debe ser tan fina como la de un cuchillo. Si la Placa de Orificio fuese relativamente gruesa (de 1/9" o más), podría ser necesario afilar (en ángulo de 45°) la parte de aguas abajo del orificio para minimizar el contacto con la corriente de fluido (Fig. 1.15b).

Si se mirase la vista lateral de esta Placa de Orificio, la dirección en que se debe dirigir el caudal es de izquierda a derecha, con el lado afilado hacia la corriente de caudal y el lado biselado hacia el otro extremo proporcionando una salida sin contacto para el fluido.

Existen otras placas de orificio de arista cuadrada para el caso en que haya burbujas de gas o partículas sólidas en el caudal de líquidos, o donde gotas pequeñas de líquido o partículas de sólidos estén presentes en los caudales de gas. El primero de estos tipos es llamado Placa de Orificio excéntrico (Fig. 1.15c), donde el orificio se localiza fuera del centro para permitir que las partes no deseadas del fluido pasen por el orificio en vez de acumularse en la cara aguas arriba.

En el caso de caudales de gas, el orificio podría ser desplazado hacia abajo, para que cualquier gota pequeña de líquido o partícula de sólido pueda pasar fácilmente. En el caso de caudales de líquido, el orificio debiera ser desplazado hacia arriba para permitir que las burbujas de gas pasen a través del orificio y se debiera desplazar hacia abajo para permitir que los sólidos pesados pasen.

El segundo tipo de Placa de Orificio no centrada es llamado Placa de Orificio segmentada *segmental orifice plate*, en este, el orificio no es realmente circular sino solo un segmento de un círculo concéntrico (Fig. 1.15d).

Al igual que con el diseño de placas de orificio excéntricas, el orificio segmentado debiera ser desplazado hacia abajo en aplicaciones de caudal de gas y hacia arriba o hacia abajo en caudales de líquido dependiendo del tipo de material no deseado presente en la corriente de fluido.

En vez de intentar cambiar la forma o el desplazamiento

1.1. CAUDALÍMETROS BASADOS EN PRESIÓN 35

de la perforación de una Placa de Orificio, se podría taladrar un pequeño orificio cerca del borde de la placa, alineado con el diámetro interno de la tubería. Cuando esta perforación esté orientada hacia arriba para que pasen burbujas de vapor, se denomina orificio de ventilación *vent hole*. Cuando esté hacia abajo, para que pasen gotas pequeñas o sólidos, se denomina orificio de drenaje *drain hole*. Ambos son útiles cuando la concentración de las sustancias indeseables no haga necesario utilizar un orificio segmentado (Fig. 1.15e).

La adición de un agujero de drenaje o de ventilación, debería tener un impacto despreciable en el desempeño de una Placa de Orificio debido al tamaño relativamente pequeño que tiene en comparación con el agujero principal. Si hubiese mucho material espúreo (burbujas, gotas o sólidos) valdría la pena considerar el uso de placas de orificio segmentado o excéntrico. Los agujeros de drenaje podrían ser inútiles cuando se usen en tuberías de pequeñas dimensiones, debido a que los desechos sólidos podrían taparlos. En estas instalaciones conviene tener la tubería en forma vertical en lugar de horizontal. Esto permite que los sólidos pasen a través de la perforación vertical sin que permanezcan aguas abajo del orificio. También vale la pena considerar un Elemento Primario completamente diferente, como el Tubo de Venturi. El Tubo de Venturi es más barato porque la tubería es más estrecha y además su desempeño es mucho mejor que el de una Placa de Orificio.

Algunas placas de orificio tienen agujeros de bordes no rectos para mejorar el desempeño cuando el Número de Reynolds sea bajo, donde los efectos de la viscosidad de fluido sean más evidentes. Estas placas de orificio utilizan agujeros con entrada cónica o redondeada para minimizar los efectos de la viscosidad del fluido. Experimentalmente se ha demostrado que a menor Número de Reynolds se observa menor contracción al atravesar un orificio, limitando así la aceleración de fluido y la disminución de la cantidad de presión diferencial producida por la Placa de Orificio. Sin embargo, también se ha detectado que al disminuir el Número de Reynolds en un Tubo de Venturi se produce un incremento en la presión diferencial debido a efectos de la presión contra las murallas cónicas de entrada. Se puede fabricar una Placa de Orificio para que tenga propiedades como las del Tubo de Venturi (un filo mellado, donde el movimiento rápido de la corriente de fluido tenga más contacto con la placa), de esta forma, los efectos tienden a cancelarse mutuamente, lo que resulta en una Placa de Orificio que mantiene consistentemente la precisión en velocidades de caudal menores y/o en mayores valores de viscosidad que la simple Placa de Orificio con bordes rectos.

Se muestran un diseño de Placa de Orificio no recto: de entrada cónica *conical-entrance* (Fig. 1.15f).

La Placa de Orificio con entrada cónica se parece a una Placa de Orificio biselada con aristas cuadradas instalada en forma invertida: con el fluido entrando por el lado cónico y la salida por el lado cuadrado:

Aquí, es importante prestar atención al texto de la etiqueta de la paleta. Esta es la única indicación segura de cuál es la dirección en que una Placa de Orificio deba ser instalada. Es muy fácil que alguien la instale a la inversa.

Existen algunas normas que aconsejan la ubicación de las tomas de presión. Idealmente, la toma de presión aguas-arriba detectará la presión de fluido en el punto de velocidad mínima y la toma aguas-abajo detectará la presión en la Vena Contracta (velocidad máxima). En la realidad, este ideal nunca se puede alcanzar en forma perfecta. En la siguiente ilustración se muestran las ubicaciones más comunes para las placas de orificio:

El método de **tomas en bridas** *flange* es la forma más común de conexión de los medidores de orificio en tuberías grandes de los Estados Unidos (Fig. 1.16a). Las bridas *flange* pueden estar hechas con agujeros pre-taladrados para las tomas y terminados antes de que la brida *flange* sea soldada a la tubería, lo que es una configuración conveniente para las tomas de presión. La mayor parte de los otros métodos requiere taladrar en la tubería posterior a la instalación, lo

1.1. CAUDALÍMETROS BASADOS EN PRESIÓN 37

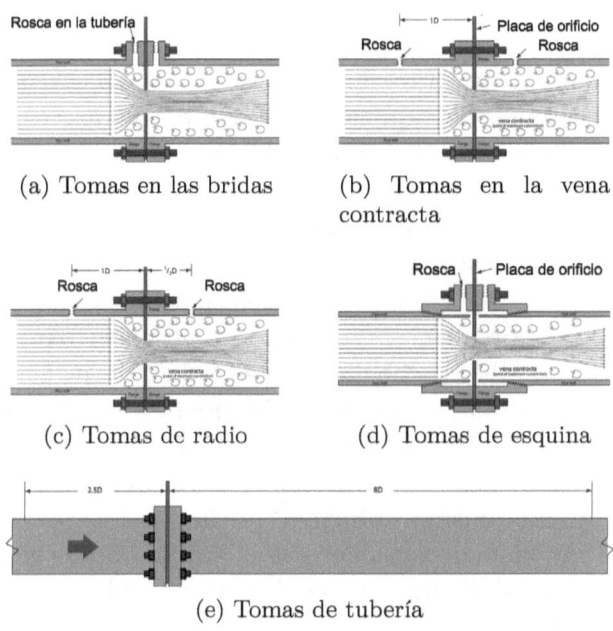

Figura 1.16: Tipos de tomas de presión

que puede debilitar la tubería cerca de las perforaciones de las tomas.

Las **tomas de Vena Contracta** ofrecen la presión diferencial más grande para cualquier velocidad de caudal dada, pero requiere cálculos precisos para localizar la posición de la toma aguas-abajo (Fig. 1.16b).

Las **tomas de radio** son una aproximación de las tomas de Vena Contracta en el caso de tuberías grandes (medio diámetro de tubería aguas-abajo para la ubicación de la toma de baja presión) (Fig. 1.16c). Se requiere taladrar a través de la pared de la tubería y esto no solo debilita la tubería, sino que la perforación debe ser realizada en terreno y no en un ambiente de fabricación controlado, lo que abre la posibilidad de errores de instalación.

Las **tomas de esquina** (Fig. 1.16d) deben usarse en tuberías de pequeño diámetro para que la Vena Contracta esté tan cerca de la cara aguas-abajo de la Placa de Orificio que la toma de brida *flange* aguas-abajo pueda sensar en la región donde haya gran turbulencia *too far downstream*. El método de tomas de esquina requiere bridas *flanges* especiales (más caras), por lo que se usan solo cuando sea estrictamente necesario.

El método de **tomas en la tubería** o **de caudal total** requiere mucho cuidado, ya que la medición se realiza en una zona de gran turbulencia que sigue a la Vena Contracta. Por esto, es necesario dar espacio para que el caudal se estabilice: ocho diámetros a partir del orificio. Esto significa que el método de toma de tubería es realmente una medición permanente de pérdida de presión, lo que también es influenciado por el cuadrado de la velocidad de caudal porque el mecanismo principal de la pérdida de energía cuando hay caudal turbulento es el cambio de la velocidad lineal en velocidad angular *swirling* que se mide en remolinos *eddies*. Esta energía cinética se puede disipar en forma de calor a medida que los remolinos *eddies* son eliminados por la viscosidad.

Sin importar la ubicación, es muy importante que los agujeros de las tomas estén completamente nivelados con la pared interna de la tubería o brida *flange*. Aún la más pequeña rebaba resultante del taladrado causará errores de medición. Por eso es bueno que las perforaciones sean realizadas en un ambiente industrial, en lugar de ser realizadas en terreno.

En el caso de velocidades bajas de caudal, se puede usar una Placa de Orificio integrativa *integral orifice plate*. En este caso se usa una Placa de Orificio pequeña directamente conectada a un sensor de presión diferencial. Se muestra una foto de una Placa de Orificio y de un transmisor (Fig. 1.17):

El dimensionamiento de una Placa de Orificio para una aplicación en específico es lo suficientemente complejo para que se usen softwares especializados con este fin.

Algunos fabricantes de Placa de Orificio ofrecen reglas de

1.1. CAUDALÍMETROS BASADOS EN PRESIÓN 39

Figura 1.17: Caudalímetro de placa de orificio y transmisor

cálculo *slide rule* para dimensionar adecuadamente una Placa de Orificio a partir de parámetros conocidos de los procesos. Se muestra un foto con la parte frontal (Fig. 1.18a) y posterior (Fig. 1.18b) de una de estas reglas de cálculo:

1.1.6 Otros elementos diferenciales

Existen caudalímetros basados en medición de presión que son una alternativa con respecto a la Placa de Orificio. El **Tubo de Pitot** (Fig. 1.19a) , por ejemplo, sensa la presión cuando el fluido comienza a detenerse al frente del extremo abierto de un tubo. El Tubo de Pitot puede usarse considerando el promedio de las mediciones en el modelo **averaging Pitot Tube** para sensar los puntos de estancamiento en varios puntos a lo ancho del caudal (Fig. 1.19b).

El medidor de caudal **Annubar** (Fig. 1.21) es un Tubo de Pitot de promedio que junta puertos de sensado de presión alta y baja en un solo conjunto de prueba:

En la foto parece un solo tubo de perfil cuadrado, pero en realidad son dos tubos con agujeros aguas-arriba y aguas-

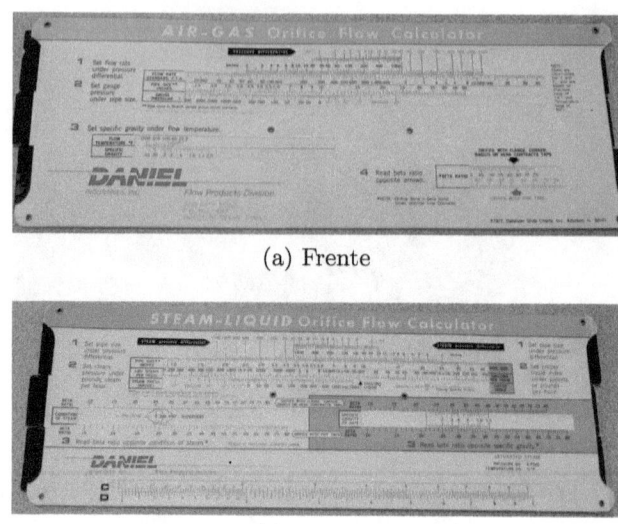

(a) Frente

(b) Reverso

Figura 1.18: Regla de cálculo para placas de orificio

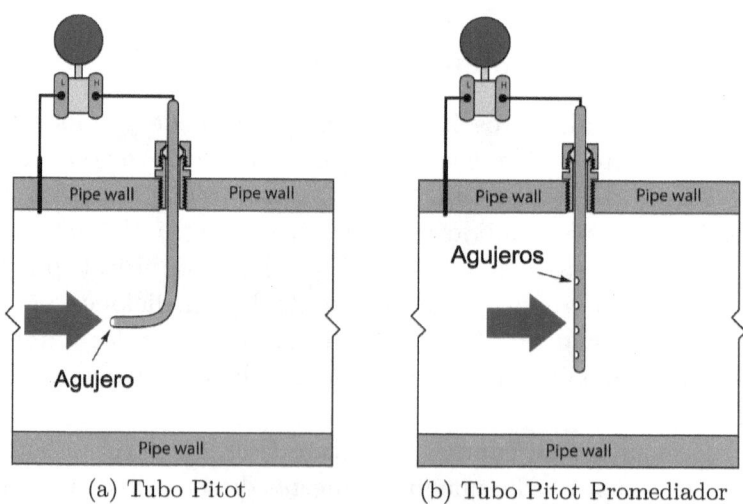

(a) Tubo Pitot

(b) Tubo Pitot Promediador

Figura 1.19: Tubo Pitot

1.1. CAUDALÍMETROS BASADOS EN PRESIÓN 41

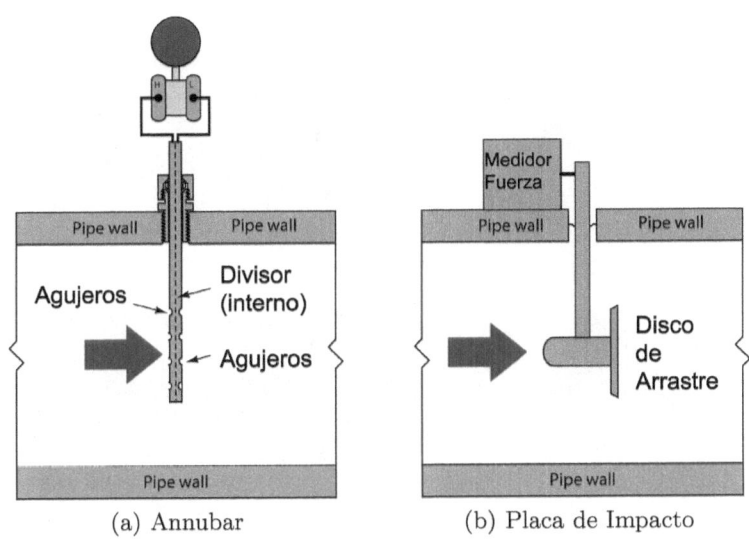

(a) Annubar (b) Placa de Impacto

Figura 1.20: Elementos de caudal

abajo:

Una sección del tubo Annubar muestra el punto donde se ubican las cámaras dobles, que están diseñadas para conseguir la presión de estancamiento aguas-arriba y la presión aguas-abajo que serán enviadas hacia el instrumento de presión diferencial.

El sensor de caudal de **Placa de Impacto** *Target* (Fig. 1.5b) consta de un disco de arrastre *drag disk* que es una especie de paleta que se inserta en la corriente de fluido, donde la fuerza que ejerce el fluido sobre esta paleta se puede detectar usando un mecanismo especial de transmisión. Este último emite una señal proporcional al caudal (que es proporcional al cuadrado de la velocidad del fluido), al igual que una Placa de Orificio. Utiliza el principio de estancamiento *stagnation principle*.

El Tubo de Venturi clásico debido a Clemens Herschel en 1887, ha sido adaptado en una variedad de formatos que pueden ser clasificados como tubos de caudal *flow tubes*. Todos los tubos de caudal trabajan siguiendo el mismo

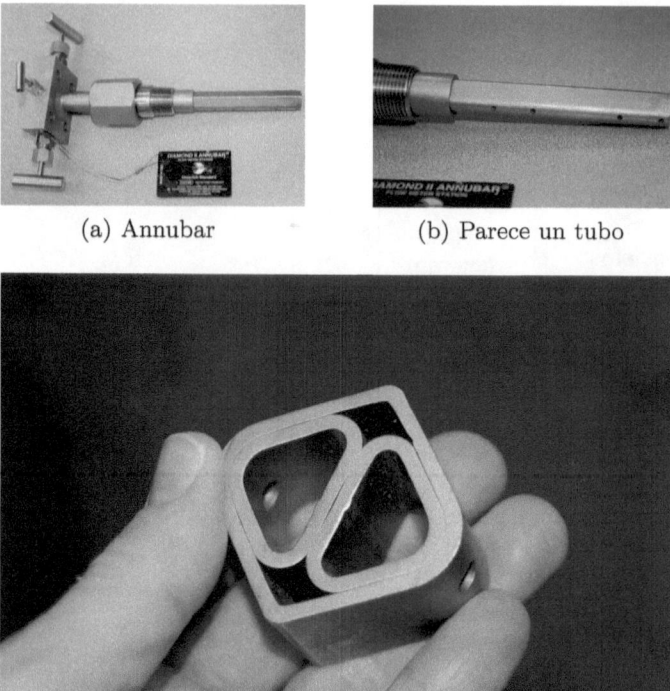

(a) Annubar   (b) Parece un tubo

(c) Pero son dos

Figura 1.21: Annubar es un tipo de tubo Pitot de promedio

principio: provocar una presión diferencial al canalizar el caudal de fluido desde un tubo ancho hacia uno más estrecho. Esto difiere del tubo clásico de Venturi solamente en los detalles constructivos. El detalle más significativo es que son más cortos que el Tubo de Venturi clásico. Ejemplos son: *Dall* tube, *Lo-Loss* flow tube, *Gentile* o *Bethlehem* flow tube y el *B.I.F. Universal Venturi*.

Otra variación en el tema de Venturi es la **Tobera de Caudal** *flow nozzle* (Fig. 1.22), que está diseñada para operar entre las caras de dos bridas *flange* de tubo en forma similar a como lo hace la Placa de Orificio. El objetivo aquí es simplificar la instalación al compararlo con una Placa de

1.1. CAUDALÍMETROS BASADOS EN PRESIÓN

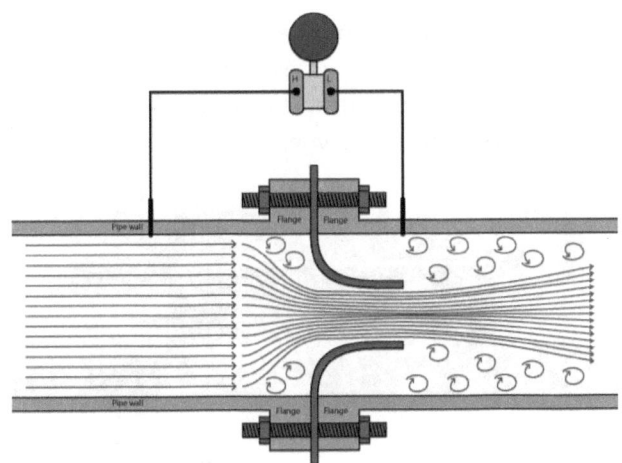

Figura 1.22: Tobera

Orificio a la vez que se mejora el desempeño (menor pérdida permanente de presión) que la Placa de Orificio:

Se conocen dos variaciones más del tema de Venturi, son los elementos de caudal **Cono en V** *V-cone* (Fig. 1.23) y **Cuña segmentada** *segmental wedge*. El cono de Venturi puede ser considerado como un Tubo de Venturi invertido: en lugar de estrechar el diámetro del tubo para causar la aceleración del fluido, el

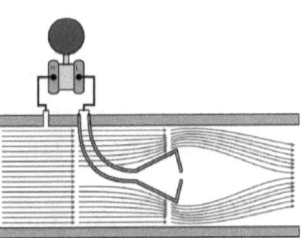

Figura 1.23: Cono en V

fluido debe moverse alrededor de una obstrucción en forma de cono que se coloca en medio del tubo. El área efectiva del tubo se reduce debido a la presencia de este cono, lo que provoca la aceleración del fluido a través del estrechamiento como si se tratase de pasar a través de la garganta de un Tubo de Venturi clásico:

El cono es hueco, con un puerto de sensado de presión orientado hacia el lado aguas-abajo, lo que permite una detección fácil de presión de fluido cerca de la Vena

Contracta. La presión aguas-arriba es sensada por otro elemento en la pared de la tubería ubicado aguas-arriba del cono. La foto muestra un tubo de caudal de tipo Cono en V extraído con fines demostrativos:

Figura 1.24: Elemento de caudal de tipo Cono en V

Los elementos de Cuña Segmentada (Fig. 1.25) son secciones especiales de tubería con elementos estranguladores con forma de cuña. Estos elementos, aunque un poco burdos, sirven para medir caudal de líquidos sucios *slurries* que son líquidos que contienen partículas sólidas, especialmente cuando la presión se sensa por un transmisor a través de diafragmas de sellado remoto.

Finalmente, el codo lento de una tubería puede ser usado como elemento de medición de caudal, porque el fluido que rodea una esquina del codo sufre una desaceleración radial y por lo tanto genera una diferencia de presión a lo largo del eje de aceleración.

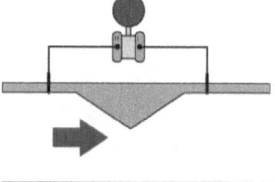

Figura 1.25: Cuña Segmentada

Los **codos de tubería** (Fig. 1.4) se pueden usar para mediciones de caudal solo en último caso, ya que estos son muy imprecisos, debido a lo poco preciso de la construcción de la mayoría de los codos de tubería y de la presiones diferenciales relativamente débiles que se observan.

Las placas de orificio son simples y relativamente baratas

1.1. CAUDALÍMETROS BASADOS EN PRESIÓN

de instalar, pero las pérdidas de presión permanentes son altas en comparación con otros elementos primarios de sensado como los Tubos de Venturi. La pérdida de presión permanente es una pérdida permanente de energía que sufre el caudal que tiene su equivalente en pérdida de energía invertida en el proceso a través de bombas, compresores y/o sopladores de aire. La energía del fluido disipada por una Placa de Orificio se traduce generalmente en requerimientos de mayor energía por el proceso.

1.1.7 Instalación apropiada

Este es un problema bastante frecuente que influye en la precisión de las mediciones. La siguiente lista menciona algunos detalles que deben ser considerados cuando se instala un medidor de caudal basado en presión.

- Extensiones adecuadas de tramos rectos de tubería aguas-arriba y aguas-abajo,
- valor de β (cociente de diámetro del orificio y el diámetro del tubo: $\beta = \frac{d}{D}$),
- ubicación de las tomas de los tubos de impulso,
- terminación (acabado) de la toma,
- ubicación del transmisor en relación con el tubo.

Las vueltas agudas en una red de tuberías introducen turbulencia de gran escala. Los codos, las Tes, las válvulas, los ventiladores y las bombas son las causas más comunes de turbulencia de gran escala en los sistemas de tuberías.

Los codos consecutivos en planos diferentes son algunos de los mayores culpables de la turbulencia de gran escala (Fig. 1.26). Cuando el caudal natural de un fluido es entorpecido por uno de estos problemas de tuberías, el perfil de velocidad se volverá asimétrico: el gradiente de velocidad desde una pared de la tubería con respecto a la

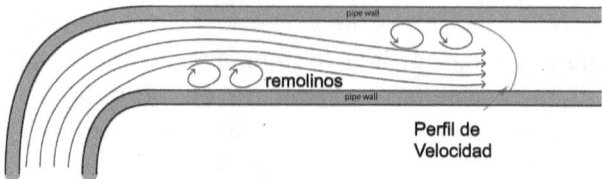

Figura 1.26: Perturbaciones de gran escala originadas por codos

otra no será ordenado. Pueden existir grandes corrientes circulares *eddies* en la corriente del fluido (llamados remolinos *swirl*). Esto puede ocasionar problemas en los elementos primarios basados en presión los cuales usan la aceleración lineal (cambio en la velocidad en una dimensión) para medir el caudal de un fluido. Si el perfil de caudal estuviese suficientemente distorsionado, la aceleración detectada en el Elemento Primario podría ser muy grande o muy pequeña, por lo que no representaría apropiadamente el caudal en su totalidad.

Aún las perturbaciones aguas-abajo del elemento de caudal pueden tener impacto en la precisión de la medición (aunque no tanto como las perturbaciones aguas-arriba), ambas perturbaciones de caudal son inevitables en todos los fluidos excepto en aquellos más simples. Esto significa que se deben diseñar formas para estabilizar el perfil de velocidad de la corriente cerca del elemento de caudal para conseguir la precisión deseada en la medición de caudal. Se pueden instalar tramos de tuberías rectas antes y después de la tubería, de esta forma la corriente caótica tendrá tiempo suficiente para estabilizarse y tener un perfil simétrico. La siguiente ilustración muestra el efecto de un codo de tubería en una corriente y como el perfil de velocidad vuelve a su forma normal (simétrica) después de viajar a través de un tramo recto de tubería suficientemente largo.

1.1. CAUDALÍMETROS BASADOS EN PRESIÓN   47

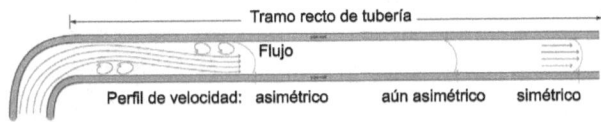

Figura 1.27: Cambios en el perfil de velocidad

Las recomendaciones para las extensiones de los tramos pueden ser muy diferentes y dependen de la naturaleza de la perturbación, la geometría de la tubería, y del tipo de Elemento Primario de Caudal. Como regla general, los elementos que tienen un cociente Beta menor son más tolerantes frente a perturbaciones (Tubos de Venturi, Tubos de caudal y Conos en V).

Cuando no haya espacio para colocar tramos rectos de tuberías, se utilizan los acondicionadores de caudal. Son una serie de tubos rectos que fuerzan a las moléculas de fluido para que viajen siguiendo trayectos más rectos para así estabilizar la corriente antes de que ingrese al elemento de fluido:

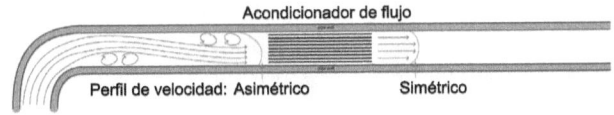

Figura 1.28: Funcionamiento del acondicionador de flujo

Otra fuente común de problemas en los elementos primarios de presión es la ubicación del transmisor. Aquí, el tipo de proceso que se esté midiendo determina cómo el instrumento de presión debe ser ubicado en relación con la tubería. En el caso de fluidos de gas y vapor, es importante que las gotas de líquido no sean recogidas por las líneas de impuso que llegan al transmisor, es necesario impedir cualquier posibilidad de que una columna vertical de líquido comience a acumularse en esas líneas, ya que generarían un presión de error. En el caso de los caudales de líquidos, es importante que no haya burbujas de gas en las líneas de impulso, si así ocurriese, las burbujas podrían desplazar líquidos de las líneas lo que, a su vez, equivale a tener columnas verticales de líquido desiguales, lo que puede generar una presión diferencial errónea.

La fuerza de gravedad puede ayudar a resolver estos problemas si se colocase el transmisor encima en el caso de tuberías de gas (Fig. 1.29a) y debajo de la tubería en el caso de los caudales de líquidos (Fig. 1.29b).

En el caso de aplicaciones con vapor condensable (tales como las mediciones de caudal de vapor) debe aplicarse lo mismo que en el caso de aplicaciones de mediciones de líquidos. Aquí, el líquido condensado podría introducirse en las líneas de impulso ya que estarían más frías que el vapor que fluye a través de la tubería (caso típico). Al colocar el transmisor bajo la tubería se permite que el vapor se condense y llene la línea de impulso con líquido (condensado) el cual, entonces, actúa como sello natural al proteger al transmisor de la exposición a los vapores del proceso.

En estas aplicaciones, es importante que el técnico rellene previamente las dos líneas de impulso con líquido condensado antes de hacer funcionar el medidor de caudal. Existen piezas tipo T con enchufes o válvulas de llenado para hacer esto. Si no se cumpliese con esto, habría errores de medición durante la operación inicial, debido a que el vapor condensado inevitablemente llenará las líneas de impulso, pero lo hará con una rapidez diferente en cada línea, lo cual provocará una diferencia en las alturas verticales de columnas de líquido.

Cuando se taladren agujeros de tomas en la tubería (o en las brida *flanges*) en terreno, debe tenerse el cuidado de taladrar bien y de eliminar la rebaba en las perforaciones. La toma de presión debe nivelarse con la pared interna de la tubería, evitando bordes rugosos que puedan crear turbulencia. También deberían evitarse relieves o avellanados

1.1. CAUDALÍMETROS BASADOS EN PRESIÓN

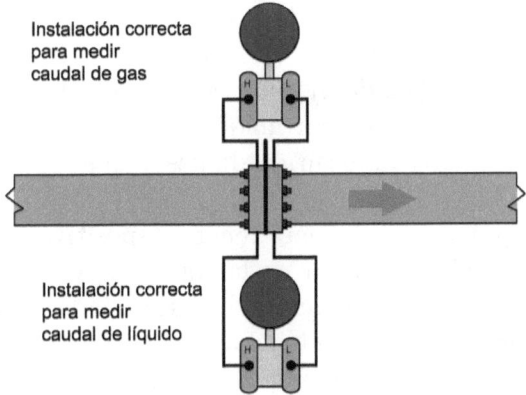

(a) Posiciones correctas para instalar transmisores de presión diferencial en tuberías horizontales

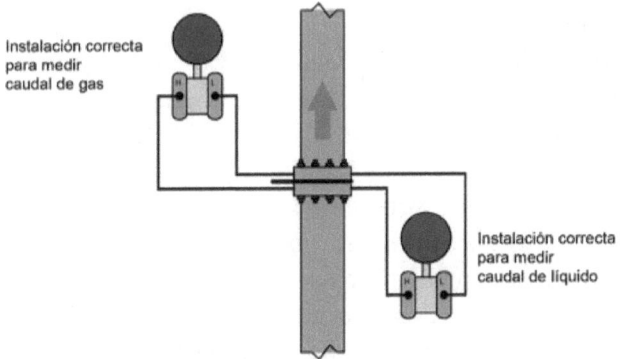

(b) Posiciones correctas para instalar transmisores de presión diferencial en tuberías verticales

cerca del agujero en la parte interna de la tubería. Aún pequeñas irregularidades en los agujeros de las tomas pueden provocar errores de medición de caudal sorprendentemente grandes.

1.1.8 Mediciones de caudal de alta precisión

Las formulaciones que justifican las mediciones de caudal vistas hasta ahora son muy aproximadas (poco exactas) están basadas en suposiciones que no siempre se cumplen. Las placas de orificio son una de las más inexactas, porque el fluido sufre cambios muy abruptos de geometría al pasar por el orificio. Los Tubos de Venturi son casi ideales, porque los contornos son realizados por máquinas, lo que garantiza que los cambios de presión sean graduales y que se minimice la turbulencia.

En la práctica conviene tener dispositivos que sean baratos y fáciles de instalar en las brida *flange*s de tuberías como las placas de orificio aunque no sean nada buenos como elementos primarios de caudal. Las placas de orificio también son el tipo de elemento más fácil de reemplazar cuando hay daño o durante los mantenimientos de rutina. Sin embargo en el caso de aplicaciones de Transferencia de Custodia, donde el caudal de fluido representa el producto siendo vendido y comprado, la precisión en la medición de fluido es muy importante. Por eso es interesante saber como usar la Placa de Orificio común de tal forma que las mediciones resulten precisas, a la vez que económicas.

Cuando se compara el caudal a través de un Elemento Primario con lo que predice la teoría, se puede notar una discrepancia importante. Se puede tener que los Tubos de Venturi operan con diferencias de 1 a 3 por ciento del valor teórico (ideal), mientras que una Placa de Orificio de arista cuadrada puede desempeñarse solamente al 60 % del valor teórico. Causas de la diferencia con el valor teórico son:

- Pérdidas de energía debido a la turbulencia y a la viscosidad

- Pérdidas de energía debido a la fricción contra la tubería y los elementos de superficie

- Vena Contracta ubicada en un punto de fluido inestable debido a cambios de caudal

- Asimetrías en el perfil de velocidad causadas por irregularidades en la tubería

- Compresibilidad del fluido

1.1. CAUDALÍMETROS BASADOS EN PRESIÓN

- Expansión térmica (o contracción) del elemento y de la tubería
- Ubicación no ideal de las tomas de presión
- Turbulencia excesiva causada por superficies internas de tuberías que sean rugosas

El cociente entre la tasa de caudal real y el teórico para cualquier magnitud de presión diferencial medida se conoce como **Coeficiente de Descarga** del elemento de sensado de caudal, es simbolizado por la variable C. El valor real de C para cualquier valor real de presión generado por un elemento de caudal debe ser menor que 1, debido a que 1 representa el valor ideal:

$$C = \frac{\text{caudal Real}}{\text{caudal Teórico}}$$

En el caso de caudales de vapor y gas, el caudal real se desvía aún más con respecto al valor del caudal ideal, que en el caso de los líquidos, esto tiene que ver con la naturaleza compresible de gases y vapores. El **Factor de Expansión** para el gas Y se obtiene al comparar el coeficiente de descarga de los gases y el de los líquidos. El valor de Y para cualquier elemento real generador de presión deberá ser menor que 1:

$$Y = \frac{C_{gas}}{C_{liquido}}$$

$$Y = \frac{\left(\frac{\text{caudal real de gas}}{\text{caudal teórico de gas}}\right)}{\left(\frac{\text{caudal real de líquido}}{\text{caudal teórico de líquido}}\right)}$$

Al incorporar estos factores en la ecuación de caudal volumétrico ideal se obtienen la siguiente fórmula:

$$Q = \sqrt{2}\frac{CYA_2}{\sqrt{1-\left(\frac{A_2}{A_1}\right)^2}}\sqrt{\frac{P_1-P_2}{\rho}}$$

En caso necesario, se podría agregar otro factor para garantizar conversiones de unidad N y considerar la constante $\sqrt{2}$ del proceso:

$$Q = N \frac{CYA_2}{\sqrt{1-\left(\frac{A_2}{A_1}\right)^2}} \sqrt{\frac{P_1-P_2}{\rho}}$$

C e Y no son constantes en todo el intervalo de medición de un elemento primario de caudal en particular. Estas variables sufren cambios relacionados con el caudal, lo que complica la deducción precisa del caudal a partir de las mediciones de presión diferencial. De todas formas, si conocemos los valores de C e Y en condiciones de caudal típicas, se puede alcanzar una buena precisión con frecuencia.

Similarmente, el hecho de que C e Y cambien con el caudal, limita la precisión obtenible con la constante de proporcionalidad que se mencionó antes. Sin importar si se mide caudal másico o volumétrico, el factor k que se calcula en una condición particular de caudal no será igual en todas las condiciones de caudal:

$$Q = k\sqrt{\frac{P_1-P_2}{\rho}}$$

$$W = k\sqrt{\rho(P_1-P_2)}$$

Esto significa que después de calcular un valor de k basado en una condición particular de caudal, podemos confiar en las ecuaciones que usan este k solamente cuando las condiciones en que aplicamos la fórmula sean parecidas a las empleadas para el cálculo de k.

En ambas ecuaciones, la densidad del fluido ρ es un factor importante. Si la densidad del fluido fuese relativamente estable, se podría tratar ρ como una constante, incorporando

1.1. CAUDALÍMETROS BASADOS EN PRESIÓN 53

su valor en el factor de proporcionalidad k para hacer más simple la fórmula:

$$Q = k_Q \sqrt{P_1 - P_2}$$

$$W = k_W \sqrt{P_1 - P_2}$$

De todas maneras, si la densidad de fluido sufriese cambios en el tiempo, se necesitaría algún medio para calcular ρ de tal forma que la medición inferida (no directa) de caudal permanezca precisa. La densidad variable del fluido es un tema frecuente de las mediciones de caudal de gas, debido a que todos los gases son compresibles por definición. Un simple cambio en la presión estática del gas dentro de la tubería es todo lo que necesitamos para hacer que ρ cambie, lo que a su vez afecta la relación entre el caudal y la caída de presión diferencial.

La American Gas Association (AGA) proporciona una fórmula para calcular caudales volumétricos de cualquier gas utilizando una Placa de Orificio. Aquí se muestra una variación de esta fórmula que toma en cuenta las consideraciones de los párrafos anteriores.

$$Q = N \frac{CYA_2}{\sqrt{1 - \left(\frac{A_2}{A_1}\right)^2}} \sqrt{\frac{Z_s P_1 (P_1 - P_2)}{G_f Z_{f1} T}}$$

Donde,

Q = caudal volumétrico (SCFM = standard cubic feet per minute)

N = factor de conversión unitario

C = Coeficiente de descarga (considera el efecto de las pérdidas de energía, las correcciones de Número de Reynolds, las ubicaciones de las tomas de presión, etc)

A_1 = Área de sección transversal de la boca

A_2 = Área de sección transversal de la garganta

Z_s = Factor de compresibilidad del gas en condiciones normales

Z_{f1} = Factor de compresibilidad del gas en condiciones de caudal, aguas arriba

G_f = Gravedad específica del gas (densidad comparada a la del aire ambiente)

T = Temperatura absoluta del gas

P_1 = Presión aguas arriba (absoluta)

P_2 = Presión aguas abajo (absoluta)

Esta ecuación implica que deben existir mediciones continuas de presión absoluta del gas P_1 y temperatura absoluta de gas T dentro de la tubería, además de las presiones diferenciales producidas por la Placa de Orificio $(P_1 - P_2)$. Estas mediciones se pueden realizar con tres dispositivos diferentes, las que pueden ser procesadas por un computador de caudal de gas (Fig. 1.29).

Note la ubicación del RTD *thermowell*, ubicado aguas abajo a partir de la Placa de Orificio para que la turbulencia que genera tenga un impacto despreciable sobre la dinámica de fluidos de la Placa de Orificio. La AGA permite la ubicación aguas-arriba del *thermowell*, pero solo si está ubicado al menos a tres pies aguas-arriba de un acondicionador de caudal.

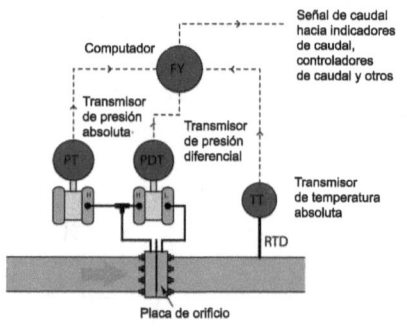

Figura 1.29: Medición de caudal de alta precisión

En las estaciones de transferencias de custodia se utilizan tiras de tuberías llamadas *honed meter runs* con una rugosidad en las paredes interiores comparable a las de un vidrio.

La foto (Fig. 1.30) muestra una Placa de Orificio que

1.1. CAUDALÍMETROS BASADOS EN PRESIÓN

Figura 1.30: Medición de gas natural que cumple AGA3

cumple la norma AGA3 para la medición de caudal en Gas Natural.

Note el *manifold* especial del transmisor, que está construido para aceptar presión diferencial y presión absoluta (Rosemount modelo 3051). También hay una cubierta de hierro fundido que facilita la reposición de las placas de orificio cuando se gasten debido al uso. En algunas industrias las placas de orificio se cambian diariamente, por ejemplo en la industria de exploración de gas, donde el Gas Natural contiene partículas minerales.

Aunque no se ve en la foto, todos los tubos se conectan a otro tubo (el mismo tubo) mediante válvulas de corte *shut-off* cuando el caudal de gas total es mayor, en este caso se usan las placas de orificio de todos los tramos y se suman sus mediciones, de esta forma se obtiene mejor precisión. A medida

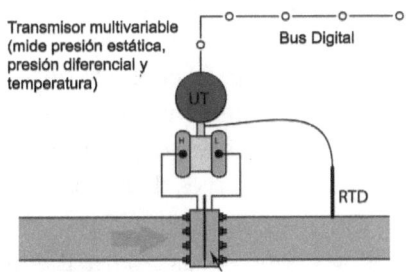

Figura 1.31: Transmisor multivariable

que el caudal disminuya se van cerrando las válvulas, lo que hace que se incremente el caudal en los tramos. Este sistema de *staging* es una forma de expandir el intervalo de medición de las placas de orificio, lo que hace que las mediciones sean precisas en un rango mayor que el existente cuando es el caso de las placas de orificio individuales.

Una forma de medición alternativa al uso de varios instrumentos (presión diferencial, presión absoluta y temperatura) en cada medidor de tramo, es usar un transmisor multivariable que sea capaz de medir la temperatura del gas y las presiones estáticas y diferenciales. Esta aproximación tiene la ventaja de una instalación más simple que la instalación de varios instrumentos (Fig. 1.31).

Ejemplos de transmisores multivariables son el modelo 3095MV de Rosemount y el EJX910 de Yokogawa. Estos están diseñados para compensar mediciones de caudal de gas, equipados con sensores de presión múltiples, una conexión a un sensor de temperatura RTD y suficiente potencia de cálculo digital para el cálculo constante de la ecuación AGA. Estos transmisores multivariables pueden proporcionar una salida analógica para el caudal o salidas digitales para las tres variables principales y la variable calculada de caudal, las que pueden ser enviadas a un sistema host (computador en red). El modelo Yokogawa EJX910A proporciona una salida opcional: Una señal digital de pulsos, donde cada pulso representa una cantidad específica (volumen o masa) de fluido. La frecuencia de este tren de pulsos representa el caudal, mientras el número total de pulsos durante un determinado lapso de tiempo representa el total de fluido que ha pasado a través de la Placa de Orificio durante ese tiempo.

La foto muestra (Fig. 1.32) un transmisor Rosemount 3095MV que se usa para medir caudal másico de una línea de Oxígeno. La Placa de Orificio es una unidad integral que sigue al cuerpo del transmisor, se encuentra entre dos placas de brida *flanges* en la línea de cobre. Un manifold de tres válvulas hacen la interface entre el transmisor 3095MV y la

1.1. CAUDALÍMETROS BASADOS EN PRESIÓN

Figura 1.32: Transmisor Rosemount 3095M midiendo caudal másico en una línea de Oxígeno

estructura de la Placa de Orificio integral:

El compensador de temperatura RTD se puede ver claramente en el lado izquierdo de la foto, instalado en el codo de la tubería de cobre.

Las aplicaciones de mediciones de caudal de líquido también pueden usar compensación, porque la densidad de los líquidos cambia con la temperatura. La presión estática no, porque los líquidos se consideran incompresibles para todo propósito práctico. Así, la fórmula para las mediciones de caudal de líquido compensado no incluye el término de la presión estática, solo la presión diferencial y la temperatura:

$$Q = N \frac{CYA_2}{\sqrt{1 - \left(\frac{A_2}{A_1}\right)^2}} \sqrt{(P_1 - P_2)[1 + k_T(T - T_{ref})]}$$

La constante k_T que se muestra en la ecuación es el factor de proporcionalidad para la expansión del líquido que acompaña un incremento de temperatura. La diferencia de temperatura entre la condición de medición T y la condición de referencia T_{ref} multiplicado por este factor determina cuánto menos denso es el líquido comparado con su densidad a temperatura ambiente. Algunos líquidos (hidrocarbonos) tienen una expansión térmica significativamente mayor que la del agua. Esto hace que la compensación por temperatura de estos fluidos sea muy importante si se usa medición volumétrica en vez de medición másica.

1.1.9 Resumen de ecuaciones

Caudal volumétrico Q ecuación no simplificada:

$$Q = N \frac{CYA_2}{\sqrt{1 - \left(\frac{A_2}{A_1}\right)^2}} \sqrt{\frac{P_1 - P_2}{\rho_f}}$$

Caudal volumétrico Q ecuación simplificada:

$$Q = k\sqrt{\frac{P_1 - P_2}{\rho_f}}$$

Caudal Másico W:

$$W = N \frac{CYA_2}{\sqrt{1 - \left(\frac{A_2}{A_1}\right)^2}} \sqrt{\rho_f(P_1 - P_2)}$$

Caudal Másico W ecuación simplificada:

$$W = k\sqrt{\rho_f(P_1 - P_2)}$$

Donde,

Q = Caudal Volumétrico (Galones por minuto, pie cúbico por segundo)

W = Caudal Másico (kilogramos por segundo, *slugs* por minuto)

N = Factor de conversión unitario

C = Coeficiente de descarga (toma en cuenta las pérdidas de energía, corrección del Número de Reynolds, ubicación de las tomas de presión, etc.)

Y = Factor de expansión del gas ($Y = 1$ para los líquidos)

1.1. CAUDALÍMETROS BASADOS EN PRESIÓN

A_1 = Área de la seccion transversal de la boca

A_2 = Área de la sección tansversal de la garganta

ρ_f = Densidad de fluido en condición de flujo (temperatura y presión real en el Elemento Primario de medición)

k = Constante de proporcionalidad (determinada por mediciones experimentales de caudal, presión y densidad)

El cociente Beta β de un elemento diferencial es el cociente entre el diámetro de la garganta y el diámetro de la boca ($\beta = \frac{d}{D}$) . Este es el factor principal que hace que la aceleración de un fluido aumente debido al aumento de velocidad que ocurre cuando el fluido entra a una restricción de garganta de un Elemento Primario de Caudal (Tubo de Venturi, Placa de Orificio, Cuña, etc.). La siguiente expresión se denomina factor de aproximación de velocidad *velocity of approach factor* y se simboliza como E_v, porque relaciona la velocidad del fluido que fluye a través de la restricción y la velocidad del fluido cuando se acerca a la restricción del Elemento Primario de Caudal:

$$E_v = \frac{1}{\sqrt{1-\beta^4}} =$$

El mismo factor de velocidad de aproximación *velocity approach factor* se puede expresar en términos de áreas de boca y de garganta (A_1 y A_2, respectivamente):

$$E_v = \frac{1}{\sqrt{1-\left(\frac{A_2}{A_1}\right)^2}} =$$

El cociente β tiene un impacto significativo en el numero de tramos rectos de tubería que hay que usar para acondicionar el perfil de flujo aguas arriba y aguas abajo del elemento de medición de caudal.

Los cocientes β grandes (que corresponden a diámetros de orificio semejantes al diámetro interior del Elemento Primario) son más sensibles a perturbaciones en la tubería, debido a que hay menos aceleración del caudal a través del Elemento Primario, y por lo tanto las asimetrías de perfil de flujo que pueden causar las perturbaciones de la tubería son significantes en comparación con la velocidad del fluido a través del orificio.

Los cocientes de β menores corresponden a factores de aceleración mayores, en este caso las perturbaciones en el perfil de flujo son opacados por las altas velocidades de garganta creadas por la restricción del Elemento Primario de medición. Una desventaja de tener cocientes β bajos es que el Elemento Primario de medición de caudal muestra una pérdida de presión permanente mayor y esto constituye un aumento en el costo de operación si el flujo debe ser suministrado por máquinas como bombas accionadas por motores (se requiere más energía para hacer girar la bomba, lo que representa un aumento en el costo de operación del proceso).

Cuando se calcula el flujo volumétrico de un gas en unidades normalizadas (SCFM), la ecuación se vuelve más compleja que la ecuación simplificada de caudal. Cualquier ecuación de cálculo de caudal en unidades normalizadas debe considerar la expansión efectiva del gas si hubiese transiciones en las condiciones de flujo (variaciones en la temperatura y la presión) que lo aparten de las condiciones normalizadas de medición (una presión de una atmósfera y una temperatura de 60 °F). Las ecuación de medición de caudal de gas compensado se ha publicado por American Gas Association (AGA Report #3) en 1992 para el caso de las placas de orificio con tomas flangeadas, calcula la expansión en condiciones normalizadas con una serie de factores que toman en cuenta el flujo y las condiciones de la norma (condiciones base), además de factores adicionales más comunes como la velocidad de aproximación y la expansión del gas. La mayor parte de estos factores se representan por la ecuación AGA3 con variables que comienzan con la letra F:

1.1. CAUDALÍMETROS BASADOS EN PRESIÓN

$$Q = F_n(F_c + F_{sl})YF_{pb}F_{tb}F_{tf}F_{gr}F_{pv}\sqrt{h_W P_{f1}}$$

Donde,

Q = Caudal Volumétrico (pie cúbico por hora normalizado – SCFH)

F_n = Factor de conversión numérica (toman en cuenta ciertas constantes numéricas, coeficientes de conversión de unidades, factor de velocidad y de aproximación E_v)

F_c = Factor de cálculo del orificio (un función polinómica del cociente β de la Placa de Orificio y del Número de Reynolds), para tomas flangeadas.

F_{sl} = Factor de pendiente *Slope factor* (es otra función polinómica del cociente β y del Número de Reynolds) para tomas flangedas

$F_c + F_{sl} = C_d$ = Coeficiente de descarga para tomas flangeadas

Y = Factor de Expansión del gas (una función de β, de la presión diferencial, de la presión estática y del Calor Específico)

F_{pb} = Factor de presión Base $\frac{14.73 \text{ PSI}}{P_b}$ =, con presión en PSIA (PSI absoluto) F_{tb} = Factor de temperatura Base= $\frac{T_b}{519.67}$, con temperatura en grados Rankine

F_{tf} = Factor de temperatura de Flujo= $\sqrt{\frac{519.67}{T_f}}$, con la temperatura en grados Rankine

F_{gr} = Factor de la densidad relativa del gas= $\sqrt{\frac{1}{G_r}}$

F_{pv} = Factor de supercompresibilidad = $\sqrt{\frac{Z_b}{Z_{f1}}}$

h_W = Presión diferencial producida por una Placa de Orificio (inches water column)

P_{f1} = Presión de flujo del gas en la toma aguas arriba (PSI absoluto)

1.2 Caudalímetros Laminares

El flujo laminar es la condición de movimiento de fluido donde la viscosidad (fricción interna de fluido) influye sobre las fuerzas inerciales (cinéticas). Un corriente de fluido en un estado de caudal laminar no muestra turbulencia, cada molécula de fluido viaja siguiendo su propio camino, con pocas colisiones y mezclas mutuas. El mecanismo dominante de la resistencia al movimiento de fluido en un régimen de caudal laminar es la fricción contra las paredes de los tubos. El caudal laminar ocurre para Números de Reynold bajos.

La caída de presión creada por la fricción de fluido en una corriente laminar se puede cuantificar y se puede expresar como la ecuación de Hage-Poiseuille

$$Q = k \left(\frac{\Delta P D^4}{\mu L} \right) \qquad (1.5)$$

Figura 1.33: Ecuación de Hagen-Poiseuille

Donde,
Q = Caudal
ΔP = Caída de presión en extensión de la tubería
D = Diámetro de la tubería
μ = Viscosidad del fluido
L = Largo de la tubería
k = Coeficiente de conversión de acuerdo a unidades de medición que serán usadas para expresar el resultado

Los elementos de los caudalímetros laminares generalmente constan de uno o más tubos cuyo largo excede en mucho el diámetro interno, dispuestos de tal forma que se produzca un caudal lento. Se muestra un ejemplo (Fig. 1.34).

El diámetro ampliado del Elemento Primario de Caudal asegura que haya una velocidad de fluido menor que en las tuberías a las que se conecta. Este hace disminuir el Número de Reynolds a un punto en el cual se puede

1.2. CAUDALÍMETROS LAMINARES

obtener comportamiento laminar. El uso de muchos tubos de diámetro pequeño, empaquetados en el área mayor del Elemento Primario, proporciona un área de paredes suficiente para que la viscosidad del fluido pueda actuar y crear una caída de presión entre la entrada y la salida, la cual es medida por los transmisores de presión diferencial. La caída de presión es permanente (no se recupera aguas abajo) porque el mecanismo para generar la caída de la presión es la fricción: disipación total de la energía en la forma de calor (pérdida de energía).

Otro elemento común de caudal laminar es un tubo capilar enrollado: es un tubo largo con un diámetro pequeño. Este diámetro interior pequeño de estos tubos realiza un efecto dominante de frontera-pared, de tal forma que el régimen de caudal permanezca laminar en un intervalo amplio de valores de caudal. La naturaleza altamente restrictiva de un

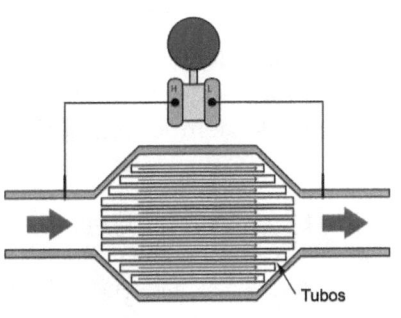

Figura 1.34: Caudalímetro laminar

tubo capilar limita el uso de este elemento para que sea usado en valores de caudal muy bajos como los encontrados en ciertos instrumentos de análisis.

Una ventaja exclusiva del medidor de caudal laminar es su relación lineal entre el caudal y la caída de presión que este provoca. Es el único dispositivo de medición de caudal basado en presión para tuberías llenas que muestra un comportamiento lineal. Esto significa que no es necesario efectuar un procedimiento de raíz cuadrada para obtener mediciones lineales de caudal en un medidor de caudal laminar. La gran desventaja de este tipo de medidor es su dependencia con la viscosidad del fluido, la que, a su vez, está grandemente influenciada por la temperatura de fluido. Así, todos los caudalímetros laminares requieren compensación de temperatura. Algunos incluso, usan algún tipo de sistema de control de temperatura para forzar a que la temperatura del fluido permanezca constante mientras se mueve a través del elemento.

Los elementos de fluido laminar se usan mucho dentro de instrumentos neumáticos, donde la relación linear de presión/caudal es extremadamente ventajosa (se comporta como un resistor de caudal de aire) y la viscosidad del fluido (el aire) es relativamente constante. Los controladores neumáticos, por ejemplo, utilizan restrictores laminares como parte de sus módulos de cálculo integral y derivativo, la combinación de resistencia del restrictor y la capacitancia de las cámaras de volumen forman un cierto tipo de red de constante de tiempo neumática τ.

1.3 Caudalímetros de área variable

Un medidor de caudal de área variable es aquel en el que el fluido debe pasar a través de una restricción cuya área aumente con el caudal. Esto es lo contrario de un medidor de Placa de Orificio y los Tubos de Venturi donde el área de la sección transversal del elemento de caudal permanece constante.

1.3.1 Rotámetros

El ejemplo más simple de un medidor de caudal de área variable es el rotámetro, el cual usa un objeto sólido (llamado plomada *plummet* o *float*) como un

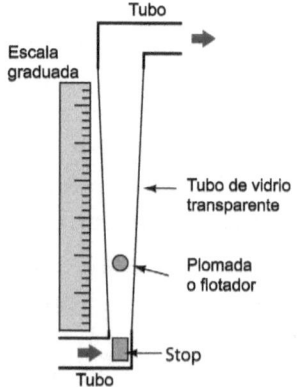

Figura 1.35: Rotámetro

1.3. CAUDALÍMETROS DE ÁREA VARIABLE

indicador de caudal, suspendido en el medio de un tubo cerrado (Fig. 1.35).

A medida que el fluido suba a través del tubo, se desarrolla una presión diferencial a través de la plomada. Esta presión diferencial, al actuar en el área efectiva del cuerpo de la plomada, desarrolla una fuerza hacia arriba ($F = P/A$). Si esta fuerza excede al peso de la plomada, la plomada se moverá hacia arriba. A medida que la plomada se mueve hacia arriba, el área entre la plomada y las paredes del tubo crece más. Esta área incrementada permite que el fluido no tenga que acelerarse tanto al sobrepasar la plomada, por lo tanto, se desarrolla menos presión cerca del cuerpo de la plomada. En algún punto, el área donde hay caudal alcanza un punto donde la fuerza de la presión inducida en el cuerpo de la plomada iguala exactamente el peso de la plomada. Este es el punto en el tubo en el que la plomada deja de moverse, indicando el caudal por su posición relativa a la escala montada en el lado exterior del tubo.

El siguiente rotámetro usa una plomada esférica suspendida en un tubo de caudal fabricado a partir de un bloque sólido de plástico translúcido. El ajuste de caudal de gas se realiza por medio de una válvula ajustable que está en el fondo del rotámetro (Fig. 1.36).

La misma ecuación que se usa para los elementos de presión sirve para los rotámetros:

$$Q = k\sqrt{\frac{P_1 - P_2}{\rho}}$$

La diferencia en esta aplicación es que el valor dentro del radicando es constante, porque la presión diferencial permanecerá constante y la densidad de fluido permanecerá probablemente constante también. Así, k cambiará en proporción a Q. La única variable dentro de k que es relevante a la posición de la plomada es el área de caudal entre la plomada y las paredes del tubo.

La mayor parte de los rotámetros son dispositivo

solamente indicadores. Tal vez, podría usarse un equipo para transmitir la información de caudal con sensores para detectar la posición de la plomada pero esto no es muy común. Los rotámetros se usan comúnmente como indicadores de caudal de purga en sistemas de medición de nivel y presión, que requieren un caudal constante de fluido de purga. Estos rotámetros estan equipados con válvulas de aguja ajustables para la regulación manual del caudal del fluido.

1.3.2 Vertederos *weir* y Aforadores *flume*

Un estilo muy diferente de caudalímetro de área variable es usado para medir caudal en canales abiertos, como los de regadío. Si se colocase una obstrucción dentro de un canal,

Figura 1.36: Rotámetro

cualquier líquido que fluyese a través de este se elevaría aguas arriba de la obstrucción. Al medir el incremento del nivel de líquido, es posible inferir el caudal del líquido después de la obstrucción.

Esta primera forma de medición de caudal en un canal abierto es llamado vertedero *weir*, que no es nada más que una micro-represa que obstruye el paso de un líquido a través del canal. Se muestran tres estilos de vertedero en la siguiente ilustración (Fig. 1.37): Rectangular, Cippoleti y Peine en V *V-notch*

Un vertedero rectangular tiene un peine de una forma simple rectangular como indica su nombre. Un vertedero Cippoleti es casi como uno rectangular excepto que el lado vertical del peine tiene una pendiente de 4:1 (altura

1.3. CAUDALÍMETROS DE ÁREA VARIABLE

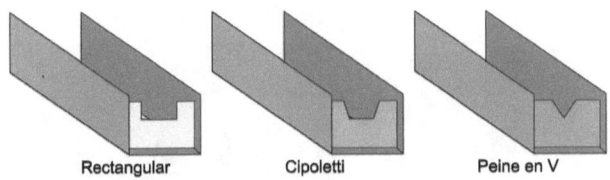

Figura 1.37: Tipos de vertederos

de 4, ancho 1); aproximadamente 14° desde la vertical. Un vertedero de tipo V-notch tiene un peine triangular, normalmente con un ángulo de 60 a 90°.

La siguiente foto muestra el caudal de agua a través de un vertedero de Cippoleti hecho de una placa de acero de 1/4" (Fig. 1.39).

Figura 1.38: Vertedero en El Río Segura. Cortesía de La Confederación Hidrográfica del Segura, España http://chsegura.es

En la condición de caudal cero a través del canal, el nivel de líquido estará al nivel de, o bajo el nivel de la cresta (punto más alto del vertedero). A medida que el líquido comience a fluir a través del canal, debe superar el borde

Figura 1.39: Vertedero Cipoletti

superior para poder pasar el vertedero y continuar aguas-abajo en el canal. Para que esto pase, el nivel del líquido aguas-arriba del vertedero debe subir por encima del borde superior del vertedero. Esta altura de líquido aguas-arriba del vertedero representa la presión hidrostática, muy semejante a la altura de líquido en un *piezometer* a través de un tubo cerrado. La altura de líquido encima de la cresta de un vertedero es equivalente a la presión diferencial generada por una Placa de Orificio. A medida que el caudal de líquido se incremente más, mayor presión *head* será generada aguas arriba del vertedero forzando a que el líquido incremente su nivel. Esto incrementa efectivamente el área de sección transversal de la garganta del vertedero a medida que una corriente más alta de líquido salga del peine del vertedero.

La influencia del área del peine en el caudal (Fig. 1.45) crea una relación muy diferente entre el caudal y la altura del líquido (medido encima del borde superior del vertedero) que la relación entre la presión diferencial y el caudal en una Placa de Orificio.

$$Q = 3.33(L - 0.2H)H^{1.5} \quad \text{vertedero rectangular}$$

$$Q = 3.367LH^{1.5} \quad \text{vertedero Cipoletti}$$

$$Q = 2.48\left(\tan\frac{\theta}{2}\right)H^{2.5} \quad \text{vertedero de peine en V}$$

1.3. CAUDALÍMETROS DE ÁREA VARIABLE

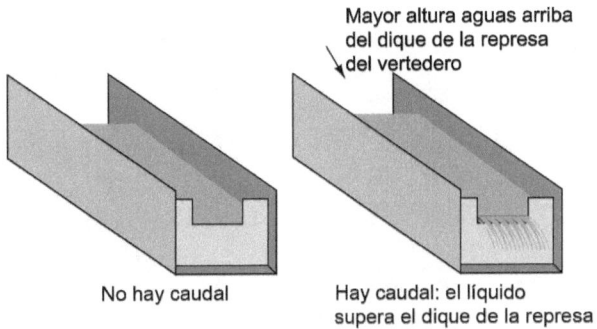

Figura 1.40: Funcionamiento de un vertedero

Donde,

Q = Caudal volumétrico (pie cúbico por segundo cubic feet per second – CFS)

L = Ancho de la cresta (feet)

θ = Ángulo del peine en V *V-notch* (grados)

H = *Head* Nivel de líquido aguas-arriba (feet)

Se puede apreciar, al comparar las ecuaciones características de caudal de los tres tipos de vertederos, que la forma del peine tiene un efecto dramático en la relación matemática entre el caudal y el *head* (nivel de líquido aguas-arriba del vertedero, medido encima de la altura de la represa). Esto implica que es posible crear casi cualquier

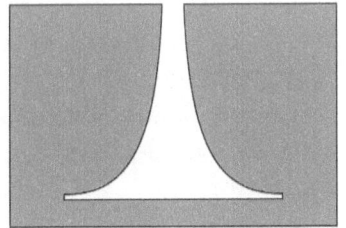

Figura 1.41: Vertedero proporcional (Sutro)

ecuación característica que queramos simplemente mediante el diseño cuidadoso del peine del vertedero en alguna forma determinada. Un buen ejemplo de esto es el llamado

Tabla 1.3: Fórmula que relaciona la altura H del líquido aguas-arriba (head) y el caudal Q en un aforador Parshall de caudal libre.

Head	Ancho de la garganta
$Q = 0.992 H^{1.547}$	3 pulg
$Q = 2.06 H^{1.58}$	6 pulg
$Q = 3.07 H^{1.53}$	9 pulg
$Q = 4LH^{1.53}$	1 a 8 ft
$Q = (3.6875L + 2.5)H^{1.53}$	10-50 ft

vertedero proporcional o *Sutro weir* (Fig. 1.41).

Este diseño de vertedero no es muy común debido a lo débil de su estructura y a su tendencia a fallar con desechos sólidos.

Una variación al tema de vertederos es otro dispositivo de canal abierto llamado aforador *flume*. Si los vertederos pueden ser comprendidos como placas de orificio de canal abierto, entonces los aforadores pueden ser vistos como Tubos de Venturi de canal abierto (Fig. 1.3.2).

Al igual que en los vertederos, la altura del líquido aguas arriba en los aforadores es indicativo del caudal. Uno de los diseños más comunes de vertederos es el aforador Parshall *Parshall flume*.

Las siguientes fórmulas relacionan la altura del líquido aguas-arriba (head) y el caudal en un aforador Parshall de caudal libre.

Donde,

Q = Caudal volumétrico (pie cúbico por segundo – CFS)
L = Ancho de la garganta del aforador (feet)
H = Head (feet)

Los aforadores son generalmente menos precisos que los vertederos pero tienen la ventaja de ser autolimpiables. Si el caudal que se está midiendo es agua servida, puede que se tapen los vertederos debido a la presencia de desechos sólidos.

1.3. CAUDALÍMETROS DE ÁREA VARIABLE

En tales aplicaciones, los aforadores son más prácticos (y más precisos en el largo plazo, debido a que aún el aforador más estrecho no podría ser tapado por desechos sólidos.

Una vez que se instala un vertedero o aforador en un canal abierto, se debe usar algún método para sensar el nivel de líquido aguas-arriba y trasladar esta medición de nivel en medición de caudal. La tecnología más común (quizás) es la ultrasónica. La tecnología ultrasónica carece totalmente de contacto por lo que es insensible a los desechos sólidos. Sin embargo, puede ser engañada por la espuma, por los desechos que flotan y por ondas en la superficie.

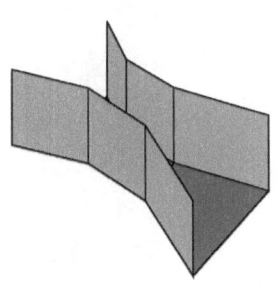

Figura 1.42: Esquema de un aforador

En la foto se muestra un aforador de Parshall midiendo el caudal del efluente de una planta de tratamiento de aguas servidas, con un transductor ultrasónico montado encima y hacia la mitad del aforador para detectar el nivel de agua que fluye (Fig. 1.43)

Después que se mide el nivel de líquido, se utiliza un dispositivo computador para convertir la medición de nivel en medición de caudal (en algunos casos, se puede calcular la integral de la medición de caudal con respecto al tiempo de llegada para el total de volumen de líquido que pasa por el Elemento Primario, de acuerdo con la relación de cálculo: $V = \int Q\, dt + C$).

Para que se pueda medir una superficie de líquido limpia y estable, se puede usar la técnica de pozo amortiguador *stilling well* (Fig. 1.44a). Es una cámara abierta por arriba que se conecta al vertedero o aforador, a través de una tubería, de tal forma que el nivel de líquido en el *stilling well* iguale el nivel de líquido en el canal. La siguiente ilustración muestra un pozo de amortiguamiento conectado al canal del vertedero

Figura 1.43: Foto de un aforador Parshall

o aforador, con la dirección de caudal de líquido en el canal, perpendicular a la página (yendo hacia los ojos del lector o apartándose de ellos).

Para impedir que los desechos sólidos tapen el pasaje entre el pozo de amortiguamiento y el canal, se puede hacer entrar una corriente pequeña de agua limpia. Esto forma una corriente de purga pequeña en el canal, eliminando los desechos sólidos que puedan tapar el paso del fluido (Fig. 1.44b). Note que la entrada del tubo de purga está sumergida para evitar disturbios en la superficie que puedan hacer fallar las mediciones de nivel basadas en ultrasonido.

Una gran ventaja de los vertederos y los aforadores sobre otros sistemas de medición es su gran rangeabilidad: La habilidad para medir un gran intervalo de caudales con una presión modesta de alcance *span*; dicho de otra forma, la precisión de un vertedero o aforador es alta aún en bajos caudales.

En un vertedero rectangular, a medida que aumenta el caudal, aumenta la altura (head) del líquido aguas-arriba del vertedero .

La altura del líquido aguas-arriba de los vertederos

1.3. CAUDALÍMETROS DE ÁREA VARIABLE

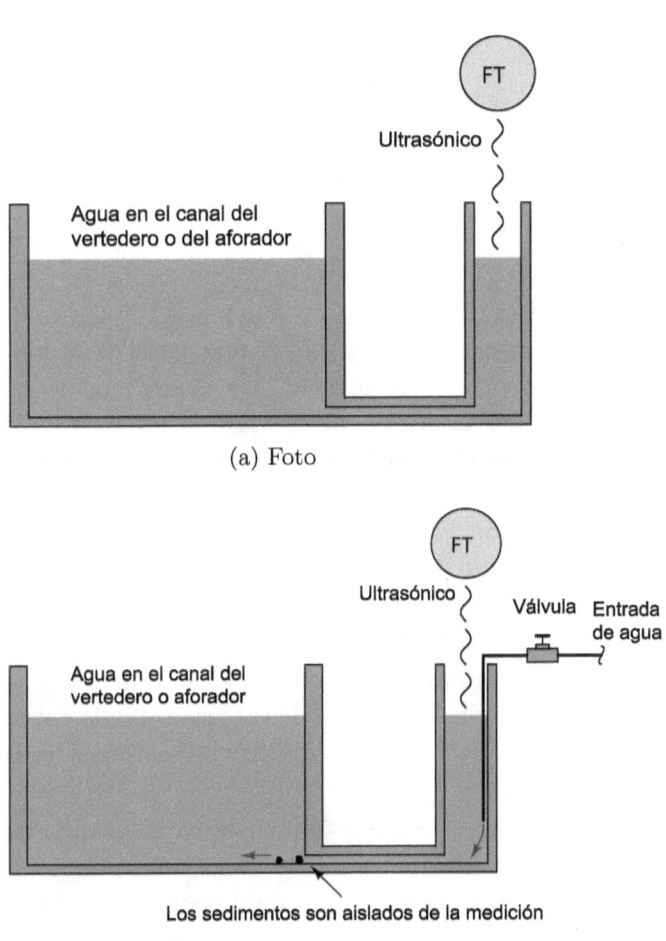

(a) Foto

(b) Esquema

Figura 1.44: Pozo de amortiguamiento

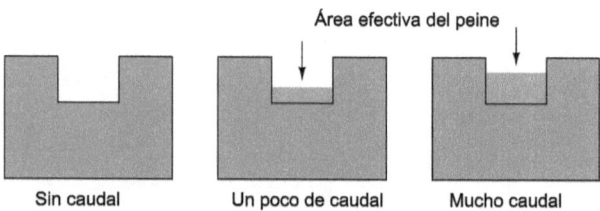

Figura 1.45: Relación entre el caudal y la abertura de la represa

depende del caudal (volumétrico Q o másico W) y del área efectiva de la hendidura a través de la que pasa el fluido. A diferencia de las placas de orificio, los vertederos y los aforadores cambian el área con el caudal. Una forma de ver esta comparación es imaginar un vertedero actuando como una Placa de Orificio elástica, cuya área del orificio aumenta con el caudal. El hecho de que el caudal dependa de la hendidura, lo cual es característico de los vertederos y aforadores, significa que ambas son más sensibles a los cambios en el caudal a medida que el caudal se hace menor.

Se muestra una comparación gráfica de las funciones de transferencia para elementos de *head* de tubería cerrada como las placas de orificio y lo Tubos de Venturi versus vertederos y aforadores (Fig. 1.46).

Al observar la esquina inferior-izquierda en el gráfico de la Placa de Orificio/Venturi, se puede notar que pequeños cambios en caudal resultan en cambios muy pequeños en head (presión diferencial), porque la función tiene una pendiente muy baja (bajo dH/dQ) en el final. En comparación, un vertedero produce grandes cambios en head (elevación de líquido) ante pequeños cambios de caudal cerca del extremo inferior del intervalo, porque la función tiene una pendiente muy pronunciada (gran dH/dQ) hacia el fin.

La ventaja práctica de usar vertederos y aforadores es la habilidad para mantener la alta precisión de las mediciones

1.4. CAUDALÍMETROS BASADOS EN VELOCIDAD

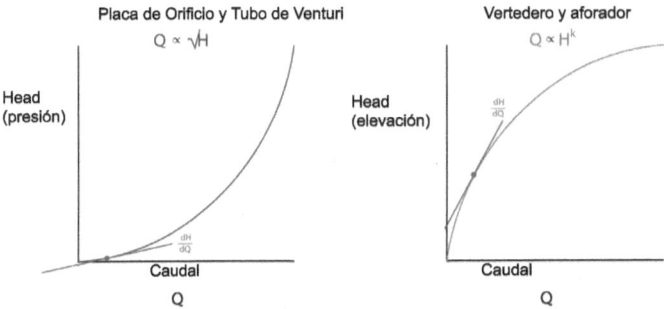

Figura 1.46: Relación entre caudal y Head para diferentes principios de funcionamiento de caudalímetros

de caudal en caudales muy bajos – algo que a veces no puede hacer un elemento de orificio fijo. Es de conocimiento común que una Placa de Orificio común no puede mantener precisión adecuada en un tercio de la escala completa (rangeabilidad de 3:1), donde los vertederos (en especial, las de hendidura en V-*notch*) pueden tener, lejos, una gran rangeabilidad (hasta 500:1).

1.4 Caudalímetros basados en velocidad

La Ley de Continuidad para estados de fluido predice que el producto de la densidad de masa ρ, la sección transversal de la tubería A y la velocidad promedio $\overline{v}$ debe permanecer constante a lo largo de una tubería (Fig. 1.47).

Si la densidad del caudal no cambiase durante su viaje a través de la tubería (es una suposición razonable para los líquidos), se podría simplificar La Ley de Continuidad eliminando los términos de densidad de la ecuación:

$$A_1\overline{v_1} = A_2\overline{v_2}$$

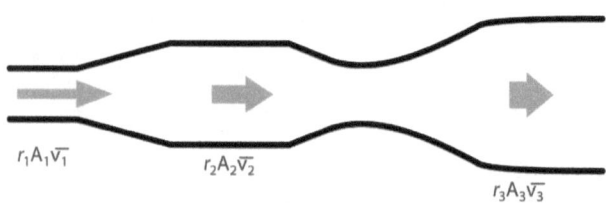

Figura 1.47: Ley de Continuidad a lo largo de una tubería

El producto del área de la sección transversal de la tubería y la velocidad promedio de fluido es el caudal volumétrico a través de la tubería ($Q = A\bar{v}$). Esto significa que la velocidad del fluido es directamente proporcional al caudal volumétrico para un área de sección transversal y una densidad constante de caudal. Cualquier dispositivo que sea capaz de medir directamente la velocidad del fluido, será capaz de inferir el caudal volumétrico de fluido en una tubería. Esta es la base de los diseños de caudalímetros basados en velocidad.

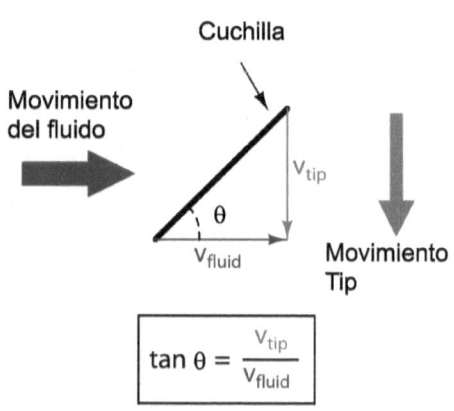

Figura 1.48: Relación matemática entre la velocidad del fluido y la velocidad de la turbina

1.4.1 Caudalímetros de turbina

Las caudalímetros basados en turbina utilizan una turbina de giro libre para medir la velocidad de caudal en forma parecida

1.4. CAUDALÍMETROS BASADOS EN VELOCIDAD

a un molino de viento. El objetivo principal de diseño de un medidor de caudal de turbina es hacer que el Elemento Primario de turbina tenga un giro tan libre como sea posible, para que no se requiera torque para mantener su rotación. Cuando se cumpla este objetivo, las hojas de la turbina se moverán con una velocidad rotacional *tip* directamente proporcional a la velocidad lineal del fluido (Fig. 1.49).

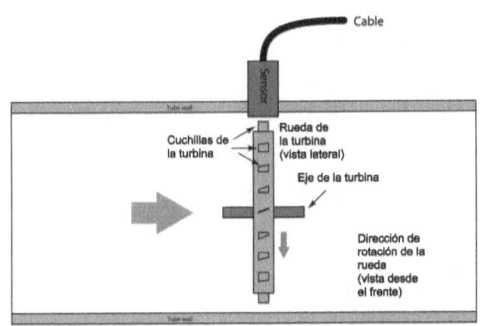

Figura 1.49: Principio de funcionamiento del caudalímetro de turbina

La relación matemática entre la velocidad de fluido y la velocidad *tip* de la turbina – asumiendo condición de ausencia de fricción – es un cociente definido por la tangente del ángulo de la cuchilla de la turbina (Fig. 1.48).

En el caso de cuchillas con ángulo de 45°, la relación es 1:1 => la velocidad rotacional *tip* = velocidad del fluido. En el caso de cuchillas con menor ángulo (cada cuchilla más cerca de la dirección del vector de velocidad de fluido) la velocidad *tip* es una fracción de la velocidad de fluido.

Figura 1.50: Foto de la sección transversal de una turbina

La velocidad rotacional *tip* de la turbina es muy fácil de sensar con un sensor magnético, con el que se puede generar un pulso de voltaje cada vez que una de las cuchillas ferromagnéticas pase cerca del sensor. Comúnmente, este sensor es solamente un cable enrollado en forma de bobina que opera en presencia de un campo magnético estacionario, (*pickup coil* o *pickoff coil* porque recoge el paso de una cuchilla de turbina (*picks*)).

El caudal magnético a través del centro de la bobina representa una reluctancia magnética variable (resistencia al caudal magnético), lo que hace que los pulsos de voltaje se igualen en frecuencia al número de cuchillas que pasan por segundo. La frecuencia de esta señal representa la velocidad del fluido y por lo tanto el caudal volumétrico. Se muestra un foto de un modelo de medidor de turbina (Fig. 1.50). El sensor de cuchillas puede verse sobresaliendo desde el tubo de caudal, justo encima de la rueda de la turbina.

En la foto note el conjunto de elementos del condicionador de caudal antes y después de la rueda de la turbina. Como es de esperar, los Caudalímetros de turbina son muy sensibles a los remolinos en la corriente. Cuando se desea gran precisión, el perfil de caudal no debe arremolinarse cerca de la turbina para evitar que la rueda de la turbina gire más rápido o más lento de lo que debiera girar para representar la velocidad de un fluido que fluya en línea recta.

Históricamente se han usado ruedas mecánicas y cables rotatorios para unir los medidores de turbina con los indicadores. Estos diseños sufren más fricción que los electrónicos (los que usan bobinas), lo que puede resultar en errores de medición (menos caudal indicado que aquel que realmente existe, debido a que la turbina se vuelve más lenta por la fricción). Una ventaja de los medidores de rueda de turbina, es la habilidad para mantener un valor del uso total de gas usando un totalizador basado en odómetro. Este diseño se usa comúnmente cuando el propósito del medidor de fluido sea llevar la cuenta del consumo total de gas combustible (Ej. Gas Natural usado por instalaciones

1.4. CAUDALÍMETROS BASADOS EN VELOCIDAD

industriales o comerciales) para facturación.

En un medidor de caudal de turbina electrónico, el caudal volumétrico es directamente proporcional a la salida de frecuencia de la bobina. Se puede expresar esta relación en la forma de una ecuación:

$$f = kQ$$

Donde,

f = Frecuencias de la señal de salida (Hz, equivalente a pulsos por segundo)

Q = Caudal volumétrico (Ej. Galones por segundo)

k = Factor k del Elemento Primario de turbina (Ej. Pulsos por galón)

El análisis dimensional confirma la validez de esta ecuación. Al usar unidades de GPS (galones por segundo) y pulsos por galón, se puede ver que el producto de estas magnitudes está indexado por pulsos por segundo (equivalente a ciclos por segundo o Hz):

$$\left[\frac{\text{pulsos}}{\text{s}}\right] = \left[\frac{\text{pulsos}}{\text{gal}}\right]\left[\frac{\text{galones}}{\text{s}}\right]$$

Al despejar Q, se puede ver que es el cociente de la frecuencia y el factor k lo que constituye el caudal volumétrico en un medidor de turbina:

$$Q = \frac{f}{k}$$

Si la señal de frecuencia directamente representase el caudal volumétrico, entonces el número total de pulsos acumulados durante un intervalo dado de tiempo representará la cantidad de volumen de fluido que ha pasado a través del metro de turbina durante ese tiempo. Se puede expresar esto como el producto del caudal promedio ($\overline{Q}$), frecuencia promedio ($\overline{f}$), factor k y el tiempo:

h

Figura 1.51: Foto de turbinas AGA7

$$V = \overline{Q}t = \frac{\overline{f}t}{k}$$

Una forma más sofisticada para calcular el volumen total que pasa a través de un metro de turbina requiere Cálculo, de forma que el volumen total es la integral en el dominio del tiempo de la señal de frecuencia instantánea y el factor k durante el intervalo de tiempo desde $t = 0$ a $t = T$:

$$V = \int_0^T Q\, dt \qquad \text{o} \qquad V = \int_0^T \frac{f}{k}\, dt$$

Se puede llegar al mismo resultado, en forma aproximada, simplemente usando un circuito contador digital para sumar la salida de los pulsos generados por una bobina y de un microprocesador para calcular el volumen en la unidad de medición que se requiera.

Al igual que con las placas de orificio, existen normas para usar medidores de turbina como instrumentos de medición precisos en aplicaciones de caudal de gas, en particular la transferencia de custodio.

1.4. CAUDALÍMETROS BASADOS EN VELOCIDAD

La compensación por temperatura y la presión es relevante para los medidores de turbina en aplicaciones de caudal de gas porque la densidad del gas es una función de la presión y la temperatura. La rueda de la turbina solamente sensa la velocidad del gas, por lo que los otros factores deben ser tomados en cuenta para calcular con precisión el caudal másico.

En aplicaciones de alta precisión es importante determinar individualmente el factor k para la calibración de un medidor de caudal de turbina. Las variaciones de fabricación de turbina a turbina hacen que sea un desafío mantener el valor de k, por lo que los caudalímetros que serán usados para mediciones de alta precisión deben ser probados usando un probador de caudal en un laboratorio de calibración, con lo que se puede determinar en forma empírica el valor del factor k. Cuando sea posible, la mejor forma de probar el factor k de un medidor de caudal es conectar el probador al medidor de caudal en el lugar donde será usado. De esta forma, cualquier efecto originado por las tuberías antes y después de que el medidor de caudal sea instalado será incorporado en el factor k.

La siguiente foto (Fig. 1.51) muestra tres instalaciones de medidores de turbina que cumplen con la norma AGA7 para medir el caudal del Gas Natural:

Note el Elemento Primario de Presión y el instrumento de sensado de temperatura instalados en la tubería, los que reportan presión de gas y temperatura del gas hacia un computador calculador de caudal (junto con la frecuencia de pulso de la turbina) para el cálculo del caudal de Gas Natural.

Las aplicaciones de caudal de gas menos críticas usan un medidor de turbina compensado que realiza mecánicamente las mismas funciones de compensación de temperatura y presión sobre la velocidad de la turbina para obtener las mediciones de caudal de gas verdaderas, vea la siguiente foto (Fig. 1.52).

El medidor de caudal mostrado en la foto anterior usa un sensor de temperatura basado en un bulbo-relleno (note la presencia de un tubo capilar enbobinado que conecta el medidor de caudal al bulbo) y muestra el caudal total de gas con una serie de indicadores (parecidos a relojes), en lugar de indicar el caudal de gas.

Figura 1.52: Foto de un medidor totalizador de gas

Una variación al tema de los caudalímetros basado en turbina es el medidor de rueda de paletas. Este es un Elemento Primario barato usualmente implementado en la forma de un sensor de inserción. En este instrumento, existe una rueda pequeña equipada con paletas paralelas al eje insertadas en la corriente, con la mitad de la rueda cubierta por el caudal. Se muestra una foto de un medidor de caudal de rueda de paleta plástico (Fig. 1.53a).

Se pueden usar cables de fibra óptica para enviar y recibir luz en el caso de los medidores con rueda plástica con paletas. Un cable envía un haz de luz hacia el borde de la rueda de paletas, y el otro cable recibe luz en el otro lado de la rueda de paletas. A medida de que la rueda de paletas gira, las paletas bloquean o dejan pasar el haz de luz en forma alternada, lo que resulta en un haz de luz pulsado en el cable receptor. La frecuencia de pulsado es proporcional al caudal volumétrico.

Los lados externos de los dos cables de fibra óptica que aparecen en la siguiente foto (Fig. 1.53b), están listos para

1.4. CAUDALÍMETROS BASADOS EN VELOCIDAD

conectarse a una fuente de luz y a un sensor de pulso de luz para convertir el movimiento de la rueda de paletas en una señal electrónica:

Un problema común de todos los caudalímetro de turbina es el giro libre que ocurre cuando el fluido se detiene abruptamente. Esto es un problema mayor en los procesos discontinuos que en los procesos continuos, donde el caudal de fluido se apaga y enciende en forma regular. Este problema puede ser minimizado haciendo que el sistema de medición ignore las señales provenientes del medidor de caudal de turbina cuando la válvula de apagado automático alcance la posición de apagado. De esta forma, cuando la válvula *shutoff* se cierre y el fluido se detenga inmediatamente, cualquier giro libre de la rueda de la turbina será irrelevante. Este problema es más severo en los procesos en los que el pulsado del caudal se deba a otras causas que no tengan relación con el sistema de control.

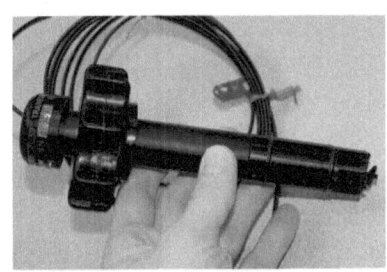

(a) Medidor de caudal de paleta

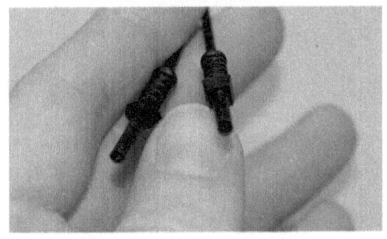

(b) Cables de fibra óptica usados en el caudalímetro de paletas

Figura 1.53: Caudalímetro de paletas

Otro problema común en todos los Caudalímetros de turbina es la lubricación de los rodamientos. El movimiento sin fricción es esencial para la medición precisa de caudal, lo que es justamente el objetivo de diseño de los ingenieros de fabricación. Este problema no es tan severo en aplicaciones donde el fluido de proceso se lubrica en forma natural (Ej. combustible diesel), sino en aplicaciones tales como caudal de Gas Natural donde el fluido no proporciona lubricación a los rodamientos de la turbina. En este último caso se necesita lubricación externa. Esto es una tarea usual de mantenimiento para los técnicos de instrumentación: se usa un bomba portátil para inyectar aceite de turbina ligero en los conjuntos de rodamiento de los caudalímetro de turbina usados en servicio de gas.

La viscosidad del fluido de proceso es otra fuente de fricción para la rueda de la turbina. Los fluidos con gran viscosidad (Ej. Aceites pesados) tienden a frenar la rotación de la turbina aunque la turbina gire con rodamientos que no tengan fricción. Este efecto es especialmente pronunciado en caudales bajos, lo cual conduce a un caudal lineal mínimo: es el caudal por debajo del cual no se puede tener registros proporcionales al caudal.

1.4.2 Caudalímetros tipo vórtice

Cuando un fluido que tenga un Número de Reynolds alto sobrepase un objeto estacionario *bluff body*, habrá una tendencia a que el fluido forme remolinos vórtices a ambos lados del objeto. Cada remolino vórtice formado, se desprenderá del objeto y continuará moviéndose con el caudal de gas o líquido, a un lado o al otro, en forma alternada. Este fenómeno se conoce como desprendimiento de remolinos *vórtice shedding* y el patrón de remolinos que se mueven transportados aguas-abajo del remolino móvil, se conoce como calle de remolino *vortexs street*.

La serie alternada de remolinos fue estudiada por Vincent Strouhal a finales del siglo XIX y después por Theodore von Kármán a comienzos del siglo XX. Se determinó que la distancia entre remolinos sucesivos aguas abajo del objeto estacionario, es relativamente constante y directamente proporcional al ancho del objeto, durante un intervalo grande de números de Reynolds. Si se imagina que los remolinos son crestas de una onda continua, la distancia entre remolinos podría ser representada por el símbolo de longitud de onda: "lambda" λ (Fig. 1.54).

1.4. CAUDALÍMETROS BASADOS EN VELOCIDAD

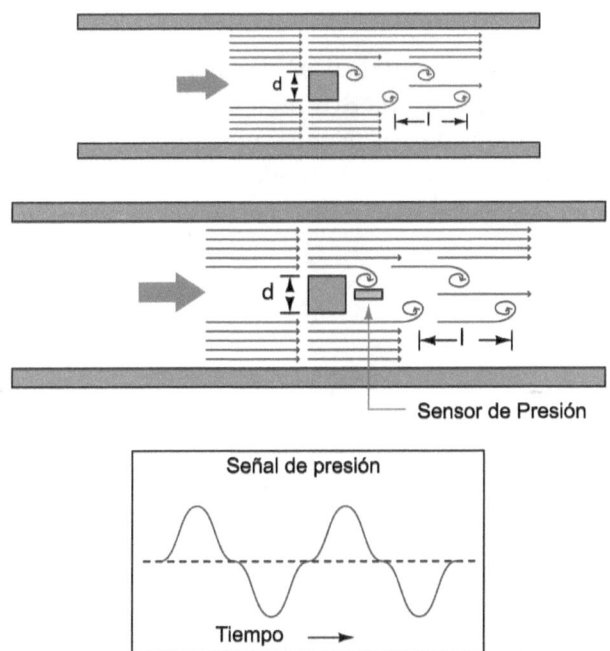

Figura 1.54: Mecanismo de detección de la presión usando el Número de Strouhal

La proporción entre el ancho del objeto d y la longitud de onda del camino de los remolinos (λ) se denomina Número de Strouhal S y es aproximadamente igual a 0.17:

$$\lambda S = d \qquad \lambda \approx \frac{d}{0.17}$$

Se podría tener una señal útil si un sensor de presión diferencial se instalase inmediatamente aguas-abajo del objeto estacionario, en una orientación tal que detecte los remolinos que pasen como variaciones de presión (Fig. 1.54).

La frecuencia de la señal de presión alternada es directamente proporcional a la velocidad del fluido que ha sobrepasado al objeto, debido que la longitud de onda es constante. En este caso es válida la fórmula de las ondas que se propagan: ($\lambda f = v$). Dado que se conoce que la longitud de onda es igual al ancho del cuerpo estacionario dividido por el número de Strouhal (0.17), se puede sustituir esto en la fórmula de frecuencia-velocidad-longitud de onda para despejar la velocidad de fluido v en términos de la señal de frecuencia f y del ancho del cuerpo estacionario d.

$$v = \lambda f$$

$$v = \frac{d}{0.17} f$$

$$v = \frac{df}{0.17}$$

Así, un objeto estacionario y un sensor de presión instalados en el medio de una sección de tubería es una forma de medidor de caudal llamado caudalímetro vórtice *vórtice flowmeter*. Al igual que un medidor de caudal de turbina que posee un sensor para recolectar el paso de las cuchillas móviles de la turbina, la frecuencia de salida del medidor vórtice es linealmente proporcional al caudal volumétrico.

El sensor de presión usado en los medidores de tipo vórtice no son transmisores de presión diferencial normales, porque la frecuencia de remolinos es muy alta para que pueda ser detectada por instrumentos normales. En su lugar, se utilizan sensores basados en cristales piezoeléctricos. Estos sensores de presión no necesitan ser calibrados, porque no es relevante la amplitud de las ondas de presión. Solamente la frecuencia de las ondas importa para medir el caudal, por lo que bastaría cualquier sensor que tenga un tiempo de respuesta lo suficientemente rápido.

$$f = kQ$$

Donde,
f = Frecuencia de la señal de salida (Hz)

1.4. CAUDALÍMETROS BASADOS EN VELOCIDAD

Q = caudal Volumétrico (Ej. galones por segundo).

k = factor "K" de desprendimiento de remolinos (Ej. Pulsos por galones)

Esto significa que los Caudalímetros vórtice, al igual que los medidores de turbina electrónicos, tienen cada uno su factor k en particular, el que relaciona el número de pulsos generados por unidad de volumen a través del medidor.

Al contar el número total de pulsos durante un cierto intervalo de tiempo se obtendrá el total de volumen de fluido que ha pasado a través del medidor durante este tiempo, haciendo que el medidor de caudal tipo vórtice se pueda adaptar rápidamente a la totalización de volumen de caudal al igual que los medidores de turbina.

Debido a que los Caudalímetros de tipo vórtice no tienen partes móviles y no sufren de problemas por el uso y de lubricación que enfrentan los medidores de turbina. No hay elementos móviles que tengan giro libre en un medidor de caudal vórtice cuando el fluido se detenga abruptamente, lo cual significa que los caudalímetros de vórtice son más adecuados para medir caudales inestables. Una desventaja importante de los medidores de vórtice es el comportamiento conocido como *low flow cutoff*, donde el medidor de caudal simplemente para de trabajar bajo cierto caudal. La razón para que esto ocurra es que dejan de formarse los remolinos vórtice cuando el Número de Reynolds cae bajo de

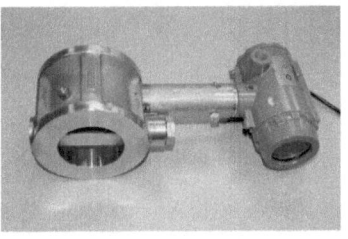

(a) Caudalímetro vórtice

un valor crítico y el caudal turbulento pasa a ser laminar. Cuando el caudal es laminar, la viscosidad del fluido es suficiente para evitar que los remolinos se formen, lo que causa que el medidor registre cero caudal aunque haya algún caudal (laminar) por la tubería.

El fenómeno de *low-flow cutoff* de un medidor de caudal tipo vórtice es equivalente a la limitación de *minimum linear flow* para un medidor de turbina. De todas formas, el fenómeno de *low-flow cutoff* es realmente un problema aún más severo. Si el caudal volumétrico a través de un medidor de caudal de turbina cae bajo el valor lineal mínimo, la turbina continuará girando, aunque más lento de lo que debería. Si el caudal volumétrico a través de un medidor de vórtice cayese bajo el valor de *low-flow cutoff*, la señal de medidor de caudal se anularía, indicando que no hay caudal.

La siguiente foto muestra un transmisor de caudal tipo vórtice, modelo 8800C de Rosemount (Fig. 1.55a).

Las dos fotos siguientes muestran una vista de *close-up* de dos conjuntos de tubo de caudal, frente y posterior (las fotos siguen el orden de lectura) (Fig. 1.55).

(b) Frente   (c) Reverso

Figura 1.55: Vistas del tubo de caudal de un caudalímetro vórtice

1.4.3 Caudalímetros Magnéticos

Cuando un conductor metálico se mueve perpendicularmente con respecto a un campo magnético, se induce un voltaje en este conductor que es perpendicular a las líneas del flujo magnético y a la dirección de movimiento. Este fenómeno se conoce como inducción electromagnética, y es el principio básico bajo el que todos los generadores electro-magnéticos operan.

En un mecanismo generador, el conductor en cuestión es una bobina (o conjunto de bobinas) hechas de cable de cobre. Cualquier sustancia conductora en movimiento es suficiente para que pueda inducir un voltaje, aún si la sustancia es un líquido (o gas). Considere agua fluyendo a través de una tubería, con un campo magnético pasando perpendicularmente a través de la tubería (Fig. 1.56).

La dirección del caudal de líquido corta perpendicularmente a través de las líneas de caudal magnético, generando un voltaje a lo largo de un eje perpendicular a ambos. Los electrodos de metal dispuestos frente a frente en la pared de la tubería interceptan este voltaje, haciéndolo accesible desde un circuito electrónico.

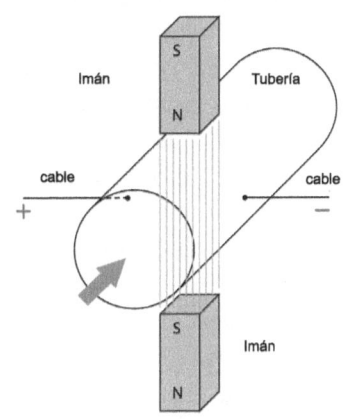

Figura 1.56: Esquema de un caudalímetro magnético

El voltaje inducido por el movimiento lineal de un conductor a través del campo magnético es llamado fem inducida o en inglés *motional EMF*, la magnitud del cual se puede predecir por la fórmula siguiente (asumiendo perpendicularidad perfecta entre la dirección de la velocidad, la orientación de las líneas de caudal magnético y el eje de medición de voltaje):

$$\mathcal{E} = Blv$$

Donde,
    $\mathcal{E}$ = *Motional* EMF (volts)
    B = Densidad de caudal magnético (Tesla)
    l = Longitud del conductor que pasa a traves del campo magnético (metros)

v = Velocidad del conductor (metros por segundo)

Asumiendo una fuerza de campo magnético fijo (B constante) y un espaciamiento entre electrodos igual al diámetro fijo de la tubería ($l = d$ constante), la única variable capaz de influenciar la magnitud del voltaje inducido es la velocidad v. En este ejemplo v no es la velocidad del segmento de cable, sino la velocidad promedio de la corriente de líquido ($\overline{v}$). Debido a que este voltaje es proporcional a la velocidad promedio del fluido, también debe ser proporcional al caudal volumétrico, puesto que el caudal volumétrico es también proporcional a la velocidad promedio de fluido. Así, se puede tener un tipo de medidor de caudal basado en la inducción electromagnética. Estos caudalímetros son conocidos como Caudalímetros Magnéticos o simplemente *magflow meters*.

Se puede enunciar la relación entre caudal volumétrico y EMF *motional* ($\mathcal{E}$) en forma más precisa haciendo una sustitución. Primero se escribe la fórmula que relaciona el caudal volumétrico a la velocidad promedio y entonces se despeja la velocidad promedio:

$$Q = A\overline{v}$$

$$\frac{Q}{A} = \overline{v}$$

Después, se puede replantear la ecuación de *motional EMF* y substituir $\frac{Q}{A}$ por $\overline{v}$ para llegar a una ecuación que relacione *motional EMF* con el caudal volumétrico Q, la densidad de caudal magnético B, el diámetro de la tubería d y el área de la tubería A:

$$\mathcal{E} = Bd\overline{v}$$

$$\mathcal{E} = Bd\frac{Q}{A}$$

$$\mathcal{E} = \frac{BdQ}{A}$$

1.4. CAUDALÍMETROS BASADOS EN VELOCIDAD

Como es una tubería circular, se sabe que el área y el diámetro están relacionados directamente por la fórmula $A = \frac{\pi d^2}{4}$. Así, se puede sustituir esta definición de área en la última ecuación, para llegar a una fórmula con una variable menos (solamente d, en lugar de d y A):

$$\mathcal{E} = \frac{BdQ}{\frac{\pi d^2}{4}}$$

$$\mathcal{E} = \frac{BdQ}{1} \frac{4}{\pi d^2}$$

$$\mathcal{E} = \frac{4BQ}{\pi d}$$

Si se desea tener una fórmula que defina el caudal Q en términos de *motional EMF* ($\mathcal{E}$), se puede manipular la última ecuación para despejar Q:

$$Q = \frac{\pi d \mathcal{E}}{4B}$$

Esta fórmula servirá para encontrar el caudal solamente en circunstancias absolutamente perfectas. Para compensar las imperfecciones inevitables, se necesita una constante de proporcionalidad (k) la cual se incluye normalmente en la fórmula:

$$Q = k \frac{\pi d \mathcal{E}}{4B}$$

Donde,
    Q = Caudal volumétrico (metro cúbico por segundo)
    $\mathcal{E}$ = Motional EMF (volts)
    B = Densidad de caudal Magnético (Tesla)
    d = Diámetro del tubo de caudal (metros)

Note la linealidad de esta ecuación. No tiene potencia, raíz u otra función matemática no lineal.

Se necesita que se cumplan algunas condiciones para que esta fórmula pueda inferir caudal a partir del voltaje inducido:

- El líquido debe ser un conductor de electricidad razonablemente bueno

- Ambos electrodos deben contactar el líquido

- La tubería debe estar completamente llena con líquido

- El tubo de caudal debe estar con conexión apropiada a tierra para evitar errores debido a las corrientes eléctricas de pérdida en el líquido

La primera condición se cumple al tener cuidado con el líquido de proceso antes de la instalación. Los fabricantes de caudalímetros magnéticos deben especificar el valor mínimo de conductividad del líquido que será medido. La segunda y tercera condición deben ser cumplidas con una instalación correcta del tubo de caudal magnético en la tubería. La instalación debe ser realizada de tal forma que garantice la inundación total del tubo de caudal (no se permiten bolsas de gas). El tubo de caudal viene con los electrodos instalados horizontalmente (nunca verticalmente) por eso una burbuja momentánea de gas no deshará el contacto eléctrico entre las puntas de los electrodos y el caudal de líquido.

La conductividad eléctrica del líquido de proceso debe cumplir con un cierto valor mínimo, pero eso es todo. No se debe pensar que al duplicar la conductividad del líquido, se duplique el voltaje inducido. La *motional EMF* es una función estricta de las dimensiones físicas, de la fuerza del campo magnético y de la velocidad del fluido. Los líquidos con conductividad pobre simplemente presentan una resistencia eléctrica mayor en el circuito de medición de voltaje, pero esto no tiene mayores consecuencias porque la impedancia de entrada del circuito de detección es muy grande. Los tipos comunes de fluido que no pueden ser usados con Caudalímetros Magnéticos incluyen agua des-ionizada (Ej. agua que alimenta una caldera de vapor, agua ultrapura en fabricación de semiconductores y de medicamentos) y aceites.

1.4. CAUDALÍMETROS BASADOS EN VELOCIDAD 93

La conexión apropiada a tierra del tubo de caudal es muy importante en el caso de los Caudalímetros Magnéticos. El *motional EMF* generado por la mayor parte de los líquidos es muy débil (1 milivolt o menos) y por lo tanto puede ser fácilmente afectado por voltaje de ruido presente como resultado de las corrientes eléctricas de pérdidas de tubería y/o líquido. Para combatir este problema, los Caudalímetros Magnéticos están equipados usualmente para hacer que la corriente eléctrica de pérdida sea dirigida alrededor del tubo de caudal

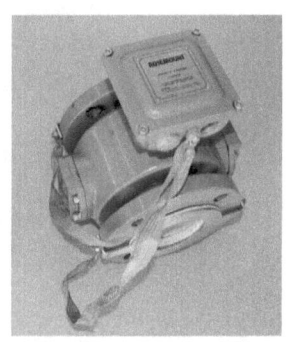

Figura 1.57: Foto de un caudalímetro magnético

para que el único voltaje interceptado por los electrodos sea el *motional EMF* producido por el caudal de líquido. La siguiente foto muestra un tubo de caudal magnético modelo 8700 de Rosemount, con cintas de cable de tierra claramente visibles (Fig. 1.57).

Note cómo ambos cables de tierra se unen en un punto común de la cubierta del tubo de caudal. Este punto común de unión deber también estar unido a una malla de tierra cuando el tubo de caudal sea instalado en la línea de proceso. En este tubo de caudal en particular se puede ver un anillo de acero *stainless* para conexión a la tierra, en la cara de una brida *flange* cercana, conectada a una de las cintas de tierra. Un anillo de tierra idéntico descansa en la otra brida *flange*, pero no se ve bien en la foto. Estos anillos proporcionan puntos de contacto eléctrico con el líquido en instalaciones donde la tubería sea de plástico para resistir la corrosión.

Los Caudalímetros Magnéticos son muy tolerantes frente al comportamiento turbulento del caudal a gran escala como los remolinos. No necesitan tramos extensos de tubería aguas-arriba y aguas-abajo, como los que necesitan las placas de orificio, lo cual es una gran ventaja en muchos sistemas de

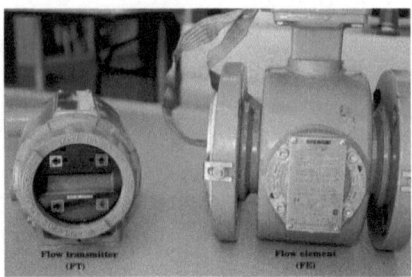

Figura 1.58: Transmisor de Caudal (FT) y elemento primario (EF) tubo de caudal de un tipo de caudalímetro magnético

(a) Caudalímetros pequeños Endress+Hauser

(b) Caudalímetro grande Toshiba

Figura 1.59: Fotos de caudalímetros magnéticos

tuberías.

Algunos Caudalímetros Magnéticos disponen de sus propios circuitos electrónicos de acondicionamiento de señal en forma integrada con el conjunto de tubo de caudal. Un par de ejemplos son (un par de caudalímetro pequeños Endress + Hauser a la izquierda (Fig. 1.59a) y un medidor de caudal grande Toshiba a la derecha (Fig. 1.59b)).

Otros Caudalímetros Magnéticos tienen la electrónica y el tubo de caudal separados, conectados entre sí por cable apantallado. En estas instalaciones el conjunto de electrónica se conoce como transmisor de caudal (FT) y el tubo de caudal es el Elemento Primario de Caudal (FE) (Fig. 1.58).

1.4. CAUDALÍMETROS BASADOS EN VELOCIDAD

La próxima foto muestra un elemento de caudal enorme de 36" de diámetro, de color negro y un transmisor de caudal azul, detrás de la mano de la persona (Fig. 1.60). Este elemento se usa para medir el caudal de aguas servidas en una planta municipal de tratamiento de aguas.

Note la orientación vertical de la tubería, lo que asegura que haya contacto constante entre los electrodos y el agua durante las condiciones en que hay caudal.

Figura 1.60: Elemento de caudal de una planta de tratamiento de aguas residuales

Aunque, en teoría, se debe usar un imán permanente para proporcionar el caudal magnético para que funcione un medidor magnético de caudal, en la práctica esto no es así. La razón para ésto tiene que ver con un fenómeno llamado polarización, el cual ocurre cuando un voltaje de DC es impreso a través de un líquido que contenga iones (moléculas cargadas eléctricamente). Los iones tienden a juntarse cerca de los polos de carga opuesta, que en este caso son los electrodos del medidor de caudal. Esta polarización podría interferir con la detección de *motional EMF* si el medidor magnético de caudal se usase con una imán permanente. Una solución simple a este problema es alternar la polaridad del campo magnético, de tal forma que la polaridad de *motional EMF* también se alterne y para que nunca haya tiempo suficiente para que los iones se polaricen.

Esa es la razón por la cual los tubos de medidores magnéticos de caudal siempre emplean bobinas magnéticas para generar caudal magnético en vez de usar imanes permanentes. El empaquetado electrónico de un medidor de caudal energiza esas bobinas con corriente de polaridad alternada para que se alterne la polaridad del voltaje inducido a través del movimiento de fluido. Los imanes permanentes, con sus polaridades magnéticas fijas, podrían ser solamente capaces de crear un voltaje inducido con polaridad constante, llevando a la polarización iónica y a errores de medición de caudal. Se muestra un tubo de caudal magnético Foxboro con una de las cubiertas protectoras retirada para mostrar las bobinas de cable (en azul) (Fig. 1.61).

Quizás la forma más simple de excitación de la bobina es cuando se energiza con corriente AC de 60Hz que se toma del enchufe (en EEUU, en Chile es de 50Hz) como en el caso del tubo de caudal Foxboro. Debido a que el

Figura 1.61: Tubo de caudal magnético Foxboro

motional EMF es proporcional a la velocidad del fluido y a la densidad de caudal del campo magnético, el voltaje inducido en la bobina será una onda senoidal cuya amplitud variará con el caudal volumétrico.

Desafortunadamente, si hubiese alguna corriente de pérdida a través del líquido que produzca caídas de voltaje erróneas entre los electrodos, habrá una oportunidad para que lo mismo ocurra con la corriente AC de 60Hz. Con la bobina energizada a 60/50 Hz AC, cualquier voltaje de ruido puede ser interpretado falsamente como caudal porque la electrónica de los sensores no tiene cómo distinguir entre los 60/50 Hz de ruido en el fluido y los 60/50 Hz de *motional EMF* causado por el caudal.

Una solución más sofisticada para este problema es usar

1.4. CAUDALÍMETROS BASADOS EN VELOCIDAD

una fuente de alimentación conmutada para excitar las bobinas del tubo de caudal. Esto es llamado excitación de directa por los fabricantes de medidores magnéticos de caudal, lo que es un error porque la señal de excitación de directa frecuentemente reversa su polaridad, lo que la haría parecerse más a una onda cuadrada de AC en la pantalla de un osciloscopio. El *motional EMF* en uno de estos caudalímetros tendrá la misma forma de onda, con la amplitud usada para indicar el caudal volumétrico. La electrónica del sensor puede rechazar mejor cualquier ruido de AC porque la frecuencia y la forma de onda del ruido (60/50 Hz senoidal) no coincidirá con la señal inducida por el caudal de *motional EMF*.

La desventaja más significativa de los medidores magnéticos de caudal de DC conmutado, es el tiempo de respuesta más lento a los cambios en caudal. En un esfuerzo por tener los mejor de ambos mundos, algunos fabricantes de medidores magnéticos de caudal producen caudalímetros de doble frecuencia, los cuales energizan sus bobinas de tubo de caudal con dos frecuencias mezcladas: una abajo de 60/50 Hz y una encima de 60/50 Hz, La señal de voltaje resultante interceptada por los electrodos es demodulada e interpretada como caudal.

1.4.4 Caudalímetros Ultrasónicos

Los Caudalímetros Ultrasónicos miden la velocidad del fluido haciendo pasar ondas de sonido a lo largo de la trayectoria de caudal. El movimiento del caudal influencia la propagación de esas ondas de sonido, las cuales pueden entonces ser medidas para inferir la velocidad del fluido. Existen dos subtipos de caudalímetros digitales: *Doppler* y *transit-time*. Ambos tipos de caudalímetros trabajan transmitiendo una onda de sonido de alta frecuencia en la corriente de fluido (pulso incidente) y analizando el pulso recibido.

El caudalímetro Doppler explota el efecto Doppler, que consiste en el desplazamiento de frecuencia que resulta cuando las ondas emitidas son reflejadas por un objeto en movimiento. El efecto Doppler se nota cuando un vehículo en movimiento emite un sonido a través de la bocina (o claxon). En este caso se percibe un cambio en la frecuencia de la bocina: cuando el vehículo se aproxima al que escucha, el tono de la bocina se siente más agudo que lo normal; cuando el vehículo pasa frente al oyente y comienza a alejarse, el tono de la bocina se escucha con un cambio rápido hacia la baja frecuencia. En realidad, la velocidad de la bocina nunca cambia, pero la velocidad relativa del vehículo con respecto al oyente efectúa un efecto de compresión sobre la vibración sonora en el aire. Cuando el vehículo se aleja, las ondas de sonido son estiradas desde la perspectiva del oyente.

El mismo efecto tienen lugar si la onda sonora fuese dirigida hacia el objeto en movimiento y la frecuencia del eco se comparase con la frecuencia de la onda incidente (transmitida). Si la onda es reflejada por una burbuja que avanza hacia el transductor ultrasónico la frecuencia de la onda reflejada será mayor que la frecuencia de la onda incidente. Si el caudal cambiase de sentido y la onda fuese reflejada por la burbuja que se aleja del transductor, la frecuencia de la onda reflejada será menor que la frecuencia de la onda incidente. Esto coincide con el fenómeno del tono de la bocina que parece incrementarse a medida que el vehículo se aproxima y que parece decrecer a medida que el vehículo se aleja.

Un caudalímetro Doppler hace rebotar ondas de sonido desde burbujas o partículas de material en la corriente de fluido, midiendo el desplazamiento en la frecuencia e infiriendo la velocidad del fluido a partir de la magnitud de este desplazamiento (Fig. 1.62).

La relación matemática entre la velocidad del fluido v y el desplazamiento de frecuencia Doppler Δf es como sigue, para velocidades de fluido mucho menores que la velocidad del sonido a través de este fluido ($v << c$):

$$\Delta f = \frac{2vf\cos\theta}{c}$$

1.4. CAUDALÍMETROS BASADOS EN VELOCIDAD 99

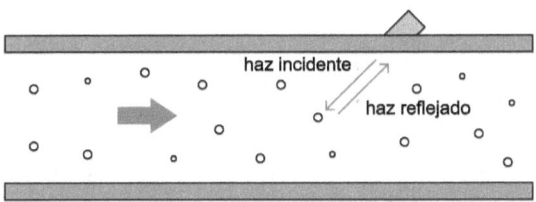

Figura 1.62: Principio de funcionamiento de un caudalímetro ultrasónico

Donde,
Δf = Desplazamiento de frecuencia Doppler
v = Velocidad del fluido (realmente, de la partícula que refleja la onda de sonido)
f = Frecuencia de la onda de sonido incidente
θ = Ángulo entre las líneas centrales del transductor y la tubería.
c = Velocidad del sonido en el fluido del proceso

Note que el efecto Doppler conduce a la medición directa de la velocidad del fluido para cada eco recibido por el transductor. Esto contrasta con la medición de distancia basado en el tiempo de viaje (reflectometría en el domino del tiempo en el que la cantidad de tiempo entre el pulso incidente y el eco devuelto es proporcional a la distancia entre el transductor y la superficie reflectora), como las de las aplicaciones de medición de nivel de líquido. En un caudalímetro Doppler, el atraso de tiempo entre los pulsos incidentes y reflejados es irrelevante. Solamente el desplazamiento de frecuencia entre la onda incidente y la onda reflejada importa. El desplazamiento de frecuencia también es directamente proporcional a la velocidad del caudal, haciendo que los caudalímetros ultrasónicos Doppler sean dispositivos de medición lineales.

Reorganizando la ecuación de desplazamiento de

frecuencia Doppler (asumiendo $v \ll c$).

$$v = \frac{c\Delta f}{2f \cos\theta}$$

Una consideración importante para las mediciones de caudal ultrasónicas tipo Doppler es que la calibración del caudalímetro varía con la velocidad del sonido a través del fluido c. Esto queda claro al observar la presencia de c en la ecuación de arriba: a medida que c se incrementa, Δf proporcionalmente debe decrecer para cualquier caudal volumétrico fijo Q. Puesto que el caudalímetro está diseñado para interpretar directamente el caudal en términos de Δf, un incremento en c causa un decremento en Q. Esto significa que la velocidad de un fluido debe ser precisamente conocida para que se pueda medir con precisión el caudal en un caudalímetro ultrasónico Doppler.

La velocidad del sonido a través de cualquier fluido es una función de la densidad de este medio y de *bulk modulus* (este indica qué tan fácilmente se comprime):

$$c = \sqrt{\frac{B}{\rho}}$$

Donde,

c = Velocidad del sonido en un material (metros por segundo)

B = Módulo Bulk (Pascal, o Newtons por metro cuadrado)

ρ = Densidad de Masa del fluido (kilogramos por metro cúbico)

La temperatura afecta a la densidad del líquido y a la composición (elementos constituyentes del líquido) así como al módulo bulk. Por eso la temperatura y la composición son factores que influyen en la calibración de un caudalímetro Doppler. Debido a que el efecto Doppler es aplicable solamente cuando existan burbujas o partículas de material

1.4. CAUDALÍMETROS BASADOS EN VELOCIDAD

capaces de reflejar ondas de sonido, solamente importa la velocidad del sonido a través del líquido (y no de los gases). No se puede simplemente medir el caudal de gas usando la técnica Doppler, porque los factores que afectan únicamente a la densidad del gas (Ej. presión) son irrelevantes para la calibración de un caudalímetro Doppler.

Los caudalímetros Doppler no son capaces de medir caudales que sean muy limpios y muy homogéneos, debido a que se requiere burbujas o partículas de un tamaño suficiente para hacer funcionar con buen resultado el efecto Doppler. Las reflexiones de la onda de sonido serían demasiado débiles para que se puedan obtener mediciones confiables. Tampoco se pueden obtener buenas mediciones cuando las partículas sólidas posean una velocidad de sonido que esté muy cerca de la velocidad del sonido en el líquido, debido a que la reflexión solo ocurre cuando una onda de sonido encuentra un material que tenga una velocidad de sonido diferente. En las aplicaciones de mediciones de caudal en las que no se puedan obtener reflexiones de onda de sonido fuertes, no se pueden usar los Caudalímetros Doppler.

Los Caudalímetros de tiempo de propagación *transit-time* o de *counterpropagation*, usan un par de sensores opuestos que miden la diferencia de tiempo entre un pulso de sonido que atraviesa el fluido en el sentido de movimiento del fluido y un pulso de sonido que atraviesa el fluido en sentido contrario al movimiento del fluido. Debido a que el fluido tiende a transportar un onda de sonido, el pulso de sonido transmitido aguas abajo hará el viaje más rápido que el pulso de sonido transmitido aguas arriba (Fig. 1.63).

El caudal volumétrico a través de un caudalímetro es una función simple de los tiempos de propagación aguas arriba y aguas abajo:

$$Q = k \frac{t_{arriba} - t_{abajo}}{(t_{arriba})(t_{abajo})}$$

Donde,

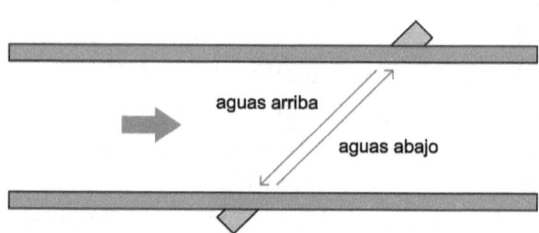

Figura 1.63: Ilustración del tiempo de tránsito en un caudalímetro ultrasónico

Q = Caudal volumétrico

k = Constante de proporcionalidad

t_{arriba} = Tiempo que emplea la onda de sonido para viajar desde una ubicación aguas-abajo a una ubicación aguas-arriba (contra el caudal)

t_{abajo} = Tiempo que emplea la onda de sonido para viajar desde una ubicación aguas-arriba a una ubicación aguas-abajo (a favor del caudal)

Una característica interesante de las mediciones de velocidad de tiempo de viaje es que el cociente entre la diferencia entre los tiempos de propagación y el producto de los tiempos de propagación permanece constante ante cambios de la velocidad del sonido a través del fluido. Esto significa que los Caudalímetros de Tiempo de Propagación son inmunes a cambios en la velocidad del sonido en el fluido. Los cambios en el módulo bulk como resultado de cambios en la composición del fluido o los cambios de densidad a consecuencia de cambios de composición, temperatura o presión son irrelevantes para la precisión de las mediciones en los Caudalímetros de Tiempo de Propagación. Esto es una tremenda ventaja de los Caudalímetros de Tiempo de Propagación, en particular, cuando se les compara con los Caudalímetros de Efecto Doppler.

Un requerimiento para la operación confiable de un caudalímetro de Tiempo de Propagación es que el líquido

1.4. CAUDALÍMETROS BASADOS EN VELOCIDAD

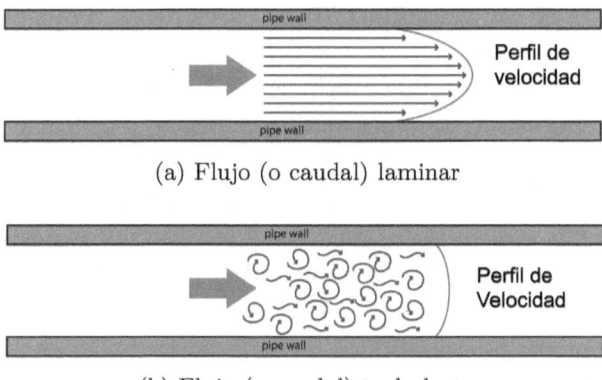

(a) Flujo (o caudal) laminar

(b) Flujo (o caudal) turbulento

Figura 1.64: Regímenes de caudal de fluidos

de proceso esté libre de burbujas de gas o partículas sólidas que podrían reflejar u obstruir las ondas de sonido. Note que este es el requerimiento opuesto a los caudalímetros de Efecto Doppler, los que requieren burbujas o partículas para reflejar ondas de sonido.

Un problema potencial con el caudalímetro de Tiempo de Propagación es su habilidad para medir la velocidad real del fluido a pesar de cambios en el perfil de caudal que se correspondan con cambios en el Número de Reynolds. Si se utiliza solamente un haz para obtener la velocidad del fluido, la trayectoria que este haz tomará verá probablemente un perfil de velocidad diferente a medida que el caudal cambie (y que el Número de Reynolds cambie con este). Recuerde que existe diferencia de perfiles de velocidad de fluido de acuerdo a si el Número de Reynolds sea bajo (a la izquierda) (Fig. 1.64a) o sea alto (a la derecha) (Fig. 1.64b).

Una forma popular para mitigar este problema es usar varios pares de sensores para enviar señales acústicas a largo de trayectos múltiples a través del fluido, para después tomar el promedio de las mediciones de velocidad resultantes (Ej. Caudalímetros Ultrasónicos de Multitrayecto). Se conocen Caudalímetros de Haz Doble. También se conoce un fabricante de un caudalímetro con cinco haces el que dice que mantiene una precisión de +/- 0.15% a través de transiciones de régimen de caudal de laminar a turbulento.

Algunos caudalímetros modernos tienen la habilidad de cambiar el modo de funcionamiento de tipo Doppler a tiempo de propagación en forma automática adaptándose al fluido que se esté sensando. Esta capacidad amplía el uso de los caudalímetros a más aplicaciones de proceso.

Los Caudalímetros Ultrasónicos son afectados adversamente por remolinos y otras perturbaciones de gran escala, de tal forma que se requieren tramos largos y rectos de tuberías aguas arriba y aguas abajo del tubo de medición, para estabilizar el perfil de caudal.

Los avances en la tecnología ultrasónica de medición de caudal han llevado a un punto donde es posible considerar los Caudalímetros Ultrasónicos para la Transferencia de Custodia de Gas Natural. La American Gas Association ha entregado un informe especificando el uso de Caudalímetros de Multitrayecto (de Tiempo de Propagación) (Reporte #9). Al igual que los reportes de medición de alta precisión: AGA #3 (Placa de Orificio) y el AGA#7 (turbina). La norma AGA9 requiere la incorporación de instrumentos de temperatura y presión en la línea de gas para compensar los cambios en la presión del gas, de tal forma que la computadora de caudal pueda calcular el caudal de masa real o del caudal volumétrico en unidades normalizadas.

Una ventaja única de los Caudalímetros Ultrasónicos es su habilidad para medir caudal a través del uso de sensores provisorios de abrazadera *clamp-on*, en vez del uso de tubos de medición especializados en los que se construyen los transductores ultrasónicos, aunque esto puede traer otros problemas como el de conseguir buen acoplamiento acústico con la pared de la tubería. Estos caudalímetros son una buena solución para algunas aplicaciones.

Un criterio importante para la aplicación exitosa de un caudalímetro de abrazadera *clamp-on* es que el material de la tubería sea homogéneo, para que pueda transmitir eficientemente las ondas de sonido entre el fluido de proceso y los transductores de inserción. Las tuberías de material poroso como arcilla u hormigón no son apropiadas para los Caudalímetros Ultrasónicos *clamp-on*.

1.5 Caudalímetros de Desplazamiento Positivo

Un caudalímetro de Desplazamiento es un mecanismo cíclico construido para hacer pasar un volumen dado de fluido a través de cada ciclo. Cada ciclo del mecanismo del medidor desplaza una cantidad precisa de un cantidad positiva de fluido, de tal forma que el conteo del número de ciclos del mecanismo contribuye a una cantidad total del volumen de fluido que ha pasado por el caudalímetro.

Figura 1.65: Ejemplo de un caudalímetro de desplazamiento positivo: caudalímetro rotatorio de gas

Muchos Caudalímetros de Desplazamiento Positivo son de naturaleza rotatoria, lo que significa que cada revolución del eje representa un cierto volumen de fluido que ha atravesado el medidor. Algunos Caudalímetros de Desplazamiento Positivo usan pistones, fuelles o bolsas expansibles trabajando en ciclos alternados de llenado y vaciado para medir las cantidades de fluido.

Los Caudalímetros de Desplazamiento Positivo han sido la elección más común para mediciones de caudal de Gas Natural y agua comercial y residencial en los EEUU. La naturaleza cíclica de un medidor de desplazamiento positivo es adecuada para mediciones de totales (no solo de caudal) así que el mecanismo puede ser acoplado a un contador mecánico que pueda ser leído por personas en forma mensual. Un caudalímetro rotatorio de gas se muestra en la foto siguiente (Fig. 1.65). Note la pantalla numérica de estilo odómetro a la izquierda la que totaliza el consumo de gas en un intervalo de tiempo:

Los Caudalímetros de Desplazamiento Positivo se basan en mover partes que empujan cantidades de fluido a través de ellos, y en que estas partes están aisladas con respecto a otras para prevenir salideros (lo que resultaría en indicaciones de que pasa menos fluido, cuando en la realidad sea más). De hecho, la característica definitoria de cualquier dispositivo de desplazamiento positivo es que el fluido no pueda pasar sin mover el mecanismo, y que el mecanismo no pueda moverse sin que el fluido pase. Esto es un contraste con las Turbinas y las bombas de centrífuga, donde es posible que la parte móvil (la propela o la rueda de la turbina) se atasque y que aún haya fluido que pase a través del mecanismo. Si un mecanismo de desplazamiento positivo se atascara, el fluido se detendría.

La delicada construcción de un caudalímetro de Desplazamiento podría ser afectado por arena u otro material agresivo presente en el fluido. Lo que significa que estos caudalímetros son solamente útiles en el caso de fluidos limpios. Aún en el caso de fluido limpio, las superficies de sellado del mecanismo sufren por el uso y la acumulación de imprecisiones a lo largo del tiempo. Estos instrumentos son completamente inmunes a remolinos y a otros efectos de la turbulencia del fluido y pueden ser instalados en cualquier lugar de un sistema de tuberías (no se necesita instalar secciones extensas y rectas de tuberías aguas arriba o aguas abajo). Los Caudalímetros de Desplazamiento Positivo son muy lineales, porque los ciclos del mecanismo son directamente proporcionales al volumen de fluido.

Se muestra un caudalímetro de Desplazamiento Positivo grande que se usa para medir el caudal de líquido (registrando el total del volumen acumulado en unidades de galones), se

1.5. CAUDALÍMETROS DE DESPLAZAMIENTO POSITIVO

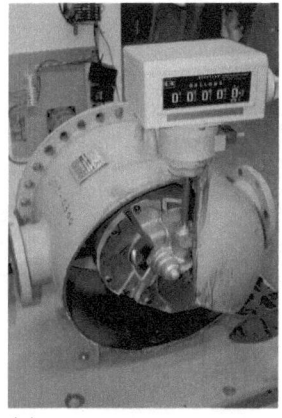
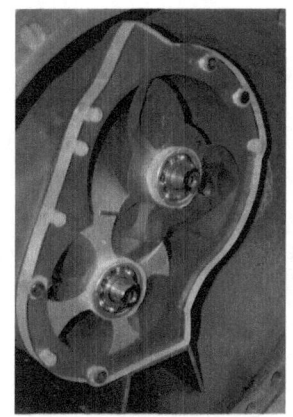

(a) Engranaje que convierte el movimiento de un rotor en una lectura totalizadora

(b) Rotores

Figura 1.66: Partes de un caudalímetro de desplazamiento positivo

ha modificado para uso didáctico (Fig. 1.66).

La foto de la izquierda (Fig. 1.66a) muestra el mecanismo de rueda usado para convertir el movimiento de un rotor en una lectura de total. La foto de la derecha (Fig. 1.66b) muestra un *close-up* de los rotores, uno con cuatro lóbulos y el otro con cuatro ranuras con las que los lóbulos interactúan. Los lóbulos y las ranuras tienen forma de espiral, de tal forma que el fluido que pase por los caminos en espiral debe empujar los lóbulos hacia afuera de las ranuras y hacer que los rotores roten. Mientras no haya escapes entre los lóbulos del rotor y las ranuras, las vueltas del rotor guardarán una relación precisa con respecto al volumen de fluido que pase a través del caudalímetro.

1.6 Caudal volumétrico normalizado

La mayoría de las tecnologías de caudalímetros operan bajo el principio de interpretar el caudal basado en la velocidad del fluido. Los caudalímetros de tipo vórtice, de turbina, ultrasónicos y magnéticos son ejemplos de esto, donde el elemento de sensado (de cada tipo de medidor) responde directamente a la velocidad del fluido. Trasladar la velocidad de fluido en caudal volumétrico es muy simple, de acuerdo a la siguiente ecuación:

$$Q = A\overline{v}$$

Donde,
Q = Caudal volumétrico (Ej. pie cúbico por minuto)
A = Área de sección transversal de la garganta del caudalímetro (Ej. ft cudrado)
$\overline{v}$ = Velocidad promedio de fluido en la sección de la garganta (Ej. ft por minuto)

Los caudalímetros de Desplazamiento Positivo son más directos que los caudalímetros de sensado de velocidad. Un caudalímetro de Desplazamiento Positivo mide directamente el caudal volumétrico, contando volúmenes discretos de fluido al pasar por el medidor.

Aún los caudalímetros basados en presión como los de Placa de Orificio y los Tubos de Venturi usualmente están calibrados para medir en unidades de volumen por tiempo (Ej. galones por minuto, barriles por hora, pie cúbico por segundo, etc). Para una gran cantidad de aplicaciones de caudal, tiene sentido medir en unidades de volumen.

Esto es especialmente verdadero si el fluido en cuestión es un líquido. Los líquidos son incompresibles esencialmente: esto es, no cambian el volumen ante la aplicación de una presión. Esto hace que las medición de caudal volumétrico sea simple para los líquidos: un pie cúbico de un líquido a alta presión y temperatura dentro de un tanque de proceso ocuparía aproximadamente el mismo volumen ($\approx$

1.6. CAUDAL VOLUMÉTRICO NORMALIZADO

1ft^3) cuando sea almacenado en un barril a temperatura y presión ambiente.

Los gases y vapores, sin embargo, cambian fácilmente el volumen bajo la influencia de la presión y la temperatura. En otras palabras, un gas tendría un incremento de presión debido a una disminución del volumen debido a que las moléculas en el gas son forzadas a estar más cercas entre sí y habrá una disminución de temperatura por la disminución de la energía cinética de cada molécula individual. Esto hace más compleja la medición de caudal volumétrico en gases que en los líquidos. Un pie cúbico de gas en alta presión y temperatura al interior de un tanque de proceso no ocuparía el mismo pie cúbico bajo otras condiciones de presión y temperatura.

La diferencia práctica entre las mediciones de caudal volumétrico en líquidos (Fig. 1.67a) y los gases (Fig. 1.67b) se puede ver fácilmente a través de un ejemplo donde se mide el caudal antes y después de una válvula de reducción.

El caudal volumétrico de líquido antes y después de la válvula reductora de presión es la misma, porque el volumen del líquido no depende de la presión aplicada (los líquidos no son compresibles). El caudal volumétrico de gas, sin embargo, es significativamente mayor después de la válvula reductora que antes, porque la reducción en presión hace que el gas se expanda (menos presión significa que el gas ocupa un volumen mayor). Esto nos dice que las mediciones de caudal volumétrico de gas no tendrían sentido si no se acompañan de datos de presión y temperatura. Un caudal de "430 ft^3/min" que informe un caudalímetro de gas a 250 PSIG significa algo completamente diferente que el mismo caudal informado a diferente presión de línea.

Una solución a este problema es reemplazar las mediciones de caudal volumétrico por caudalímetros Másicos para que se mida la masa de las moléculas de gas cuando pasan a través del instrumento. Otra solución más común es especificar el caudal de gas en unidades de volumen por unidad de tiempo en alguna condición prefijada de presión y temperatura. Esto

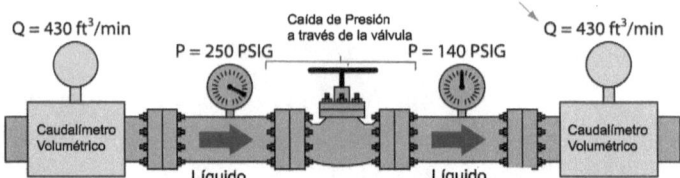

(a) Caudal de líquidos: El caudalímetro ubicado aguas abajo de la válvula registra el mismo caudal volumétrico que el caudalímetro ubicado aguas arriba de la válvula, porque los líquidos son incompresibles

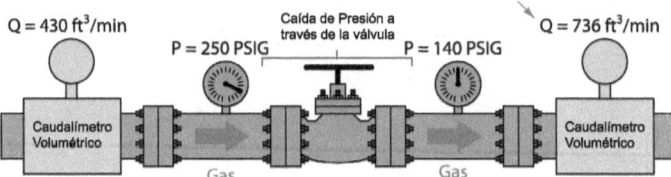

(b) Caudal de gases: El caudalímetro aguas abajo de la válvula registra mayor caudal que el caudalímetro aguas arriba de la válvula porque el gas se ha expandido

Figura 1.67: Diferencias en la medición de caudal volumétrico de líquidos y gases

se conoce como medición de caudal volumétrico normalizado.

1.7 Caudalímetros de Masa Verdadera

Muchas tecnologías tradicionales responden al caudal volumétrico. Los caudalímetros basados en velocidad tales como los de tipo magnéticos, vórtice, turbina y ultrasónicos generan señales de salida proporcionales a la velocidad del fluido y a nada más. Esto significa que si el fluido que se mueve a través de uno de estos tipos de caudalímetros se volviese más denso repentinamente, manteniendo el mismo número de unidades volumétricas por minuto, la respuesta del caudalímetro no cambiaría nada.

La información que proporciona un caudalímetro volumétrico puede que no sea la mejor para el proceso que

1.7. CAUDALÍMETROS DE MASA VERDADERA

se está midiendo. Si estuviésemos interesados en medir el caudal para alimentar un reactor químico, por ejemplo, lo importante es saber cuántas moléculas por unidad de tiempo entran al reactor, no cuántos metros cúbicos o cuántos galones. Se sabe que los cambios en temperatura provocan cambios en la densidad de líquidos y gases, lo que significa que cada unidad volumétrica contendrá un número diferente de moléculas después del cambio de temperatura. La presión tiene una influencia similar en los gases: los incrementos de presión significan que hay más moléculas de gas ocupando cada pie cúbico (u otra unidad volumétrica), mientras los otros factores permanezcan iguales. Si el proceso requiriese un conteo de caudal molecular, los caudalímetros volumétricos no serian útiles.

En los sistemas de control de generadores de vapor, el caudal del agua en la caldera y el caudal de vapor saliendo de la caldera debe ser igualado para mantener una cantidad constante de agua dentro de las calderas y tuberías. Sin embargo, el agua es un líquido y el vapor es un gas, por lo que las mediciones de caudal basadas en volumen no tienen significado. La única forma razonable para que el sistema de control balancee el caudal es medirlo como caudal másico en lugar de caudal volumétrico. Sin importar qué fase tengan las moléculas de agua H_2O, cada kilogramo que entre a la caldera deberá salir, de acuerdo a la Ley de Conservación de la Masa: cada molécula de agua que entre a la caldera debe corresponder a una molécula de agua saliendo para mantener sin cambios la cantidad de moléculas de agua. Por esto es que los alimentadores de caldera y los caudalímetros de vapor son calibrados para medir en unidades de lbm *pound mass* por unidad de tiempo.

En aplicaciones de Transferencia de Custodia donde se usan caudalímetros se tiene el mismo problema. La Transferencia de Custodia es un escenario donde un material en particular se vende y se compra, y donde la precisión de la medición de caudal es un tema de importancia comercial. En tales ejemplos lo que importa es el número de moléculas que se venden y se compran, no cuántos metros cúbicos ocupan esas moléculas.

Se ha establecido que los elementos tienen unidades fijas de masa: un mol de cualquier elemento monoatómico tendría una masa igual a la masa atómica del elemento. Por ejemplo, un mol de carbono (C) tiene una masa de 12 gramos porque el elemento carbono tiene una masa atómica de 12. Similarmente, un mol de átomos de Oxígeno (O) tiene una masa de 16 gramos, porque el elemento Oxígeno tienen una masa atómica de 16. Por eso un mol de monóxido de carbono (CO) tiene una masa de 28 gramos (12 + 16) y un mol de moléculas de dióxido de carbono (CO_2) tiene una masa de 44 gramos (12 + 16×2). La relación entre el conteo de moléculas y de masa para cualquier componente químico es fija, porque la masa es una propiedad intrínseca de la materia.

Si se deseara contar el número de moléculas que pasan por una tubería, sabiendo la composición química de esas moléculas, la forma más práctica de hacerlo es medir el caudal másico.

La relación matemática entre el caudal de volumen Q y la masa de caudal W es de proporcionalidad con la densidad de masa ρ:

$$W = \rho Q$$

El análisis dimensional confirma esta relación. El caudal volumétrico siempre se mide en unidades de volumen (m^3, ft^3, cc, in^3, galones, etc) durante un intervalo de tiempo, la masa se mide en unidades de masa (g, kg, lbm).

Con la tecnología moderna de computación y sensores, es posible combinar mediciones de presión, temperatura y caudal volumétrico de tal forma que se puedan derivar mediciones de caudal de masa. Este es el objetivo de AGA3 (mediciones de caudal de placas de orificio), de AGA7 (mediciones de caudal con Turbinas) y de AGA9 (mediciones ultrasónicas de caudal): compensar la naturaleza fundamentalmente volumétrica de estos elementos

1.7. CAUDALÍMETROS DE MASA VERDADERA

de medición con datos de temperatura y presión para calcular el caudal en unidades de masa por unidad de tiempo.

Los sistemas de caudalímetros compensados requieren mucho más esfuerzos de calibración para mantener la precisión a lo largo del tiempo, sin mencionar el gasto en la compra de transmisores y computadores de caudal que se requieren para tener los datos necesarios y de cálculos de caudal de masa. En vez de usar este sistema, se podría usar un caudalímetro de masa en lugar de uno volumétrico. Estos caudalímetros existen y son explicados a continuación.

Cada una de las tecnologías de caudalímetros responden naturalmente al caudal de masa. Considerando el ejemplo del fluido que aumenta abruptamente su densidad mientas el caudal volumétrico permanece constante, se puede usar un caudalímetro de masa verdadera, el cual reconocerá inmediatamente el incremento en la masa de caudal (el mismo volumen pero más masa por volumen), sin la necesidad de la compensación que efectúan los computadores de caudal. Los caudalímetros de masa verdadera operan bajo principios relacionados con la masa de las moléculas de fluido que pasan a través del medidor, lo que los hace muy diferente de los otros tipos de caudalímetros.

En el caso del caudalímetro de Coriolis, el instrumento trabaja bajo el principio de inercia: la fuerza generada por un objeto es acelerada o frenada. Esta propiedad básica de la masa (oposición al cambio de velocidad) forma las bases de la función del caudalímetro de Coriolis. La fuerza inercial generada al interior de un caudalímetro de Coriolis se duplicará si el caudal volumétrico de masa constante se duplicara así como la fuerza inercial se duplicará si la densidad de un caudal volumétrico constante se duplicara. La fuerza inercial se convierte en una representación de qué tan rápido se mueve la masa a través del caudalímetro en ambas formas y por lo tanto, este tipo del caudalímetro es un instrumento de caudal de masa verdadera.

En el caso de un caudalímetro térmico, el instrumento trabaja bajo el principio de convección de transferencia de calor: la energía de calor extraída desde un objeto caliente a medida que las moléculas frías lo atraviesen. Esta habilidad de las moléculas de fluido para transportar calor es una función del Calor Específico de cada molécula y el número de moléculas que se mueven por el objeto más caliente. Mientras que la composición química del fluido permanezca sin cambios, la transferencia convectiva de calor es una función de cuántas moléculas de fluido pasan durante un tiempo dado. La tasa de transferencia de calor al interior de un caudalímetro térmico se duplicaría si el caudal volumétrico de un fluido dado se duplicara; la tasa de transferencia también se duplicará si la densidad del fluido se duplicara (esto es: el doble de moléculas pasando en una unidad de tiempo). En ambos casos, la velocidad de transferencia de calor es una representación de cuántas moléculas de fluido se están moviendo a través del caudalímetro, lo que, para cualquier tipo de fluido es proporcional al caudal másico. Esto hace que el caudalímetro térmico sea un instrumento de caudal másico para cualquier fluido con composición calibrada.

Existen algunas tecnologías mecánicas antiguas para medir el caudal real de masa, pero estos han sido reemplazados por las tecnologías de caudalímetros térmicos y de Coriolis. Estos se han convertido rápidamente en la elección para aplicaciones conocidas inicialmente como de dominio de caudalímetros de placa de orificio compensado (Ej. AGA3) y de caudalímetros de turbina (Ej. AGA7). El de turbina con hélice y de turbinas gemelas son ejemplos de tecnologías antiguas de caudal de masa verdadero. Ambos trabajan bajo el principio de la inercia de fluido. En el caso del caudalímetro de turbina hélice, una hélice o propela controlada por un motor eléctrico de velocidad constante genera una efecto giratorio *spin* en el fluido en movimiento, el cual impacta la rueda de una turbina estacionaria para generar un torque que se pueda medir. Mientras mayor sea el caudal másico, mayor será la fuerza de impulso impartida a la rueda de la turbina. En el caudalímetro de turbinas

1.7. CAUDALÍMETROS DE MASA VERDADERA

gemelas, hay dos ruedas de Turbinas que rotan con cuchillas de diferentes dimensiones que se acoplan entre si con un acoplamiento flexible. A medida de que cada turbina intente girar a su propia velocidad, la inercia del fluido causará un torque diferencial entre las dos ruedas. A mayor caudal másico, mayor desplazamiento angular entre las dos ruedas.

1.7.1 Caudalímetros de Coriolis

En Física, ciertos tipos de fuerza se clasifican como ficticias o pseudofuerzas porque solamente aparecen desde una perspectiva acelerada (llamada Referencia No Inercial). La sensación que se tiene en el estómago cuando se experimenta la aceleración hacia arriba o hacia abajo de un elevador, o cuando se sube a una Montaña Rusa, se siente como una fuerza contra el cuerpo, cuando no es otra cosa que la reacción de la inercia del cuerpo ante la aceleración del vehículo. La fuerza real es la fuerza del vehículo contra el cuerpo, causando la aceleración. Lo que se percibe es una reacción a esa fuerza.

La Fuerza Centrífuga es otro ejemplo de pseudofuerza porque, aunque se ve como una fuerza real actuando en un objeto que rota, no es más que una reacción inercial. La Fuerza Centrífuga es una experiencia común a cualquier niño que haya jugado en un Carrusel: la percepción de una fuerza que actúa desde el centro de rotación hacia el borde. La fuerza real que actúa sobre cualquier objeto que rota, se dirige hacia el centro de rotación (centrípeta) la cual es necesaria para mantener la aceleración radial hacia el punto central en lugar de permitir que viaje en línea recta, como haría en ausencia de cualquier fuerza. Visto desde la perspectiva del objeto giratorio, podría parecer que hay una fuerza que tira y que intenta apartar al objeto del centro.

Otro ejemplo de pseudofuerza es la Fuerza de Coriolis, que es más complicada que la Fuerza Centrífuga, originada por el movimiento perpendicular al eje de rotación en una Referencia No Inercial. El ejemplo de un carrusel puede ilustrar el efecto de la Fuerza de Coriolis: imagine que está

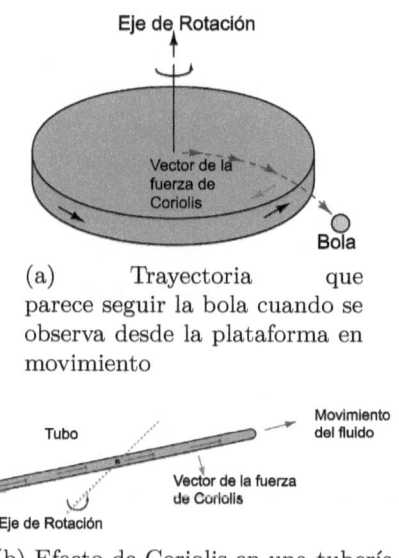

(a) Trayectoria que parece seguir la bola cuando se observa desde la plataforma en movimiento

(b) Efecto de Coriolis en una tubería

Figura 1.68: Explicación del efecto Coriolis

sentado en el centro de un carrousel, sosteniendo una pelota. Si se lanzase suavemente la pelota y se pudiese seguir la trayectoria, podría notarse que esta es curva en lugar de ser una recta partiendo desde el lugar de lanzamiento. En realidad, la pelota está moviéndose en línea recta (visto por un observador parado en la tierra), pero desde la perspectiva del que lanzó la pelota en el carrousel, parece que está curvada por una fuerza invisible denominada Fuerza de Coriolis.

Para generar una Fuerza de Coriolis, se debe tener una masa en movimiento perpendicular al eje de rotación (Fig. 1.68a).

La magnitud de esta fuerza se puede calcular a través de la ecuación vectorial siguiente:

$$\vec{F}_c = -2\vec{\omega} \times \vec{v}\, m$$

Donde,
$\vec{F}_c$ = Vector de Fuerza de Coriolis

1.7. CAUDALÍMETROS DE MASA VERDADERA   117

$\vec{\omega}$ = Vector de velocidad angular (rotación)

$\vec{v'}$ = Vector de velocidad visto desde la plataforma no inercial m = masa del objeto

Si se reemplazara la pelota con un fluido en movimiento a través de un tubo, e introdujese un vector de rotación, al inclinar el tubo alrededor de un eje estacionario (un pivote), la Fuerza de Coriolis se desarrollará en el tubo de tal forma que se oponga a la dirección de rotación, justamente como la Fuerza de Coriolis se opone a la dirección de rotación de la plataforma rotatoria en la ilustración anterior (Fig. 1.68b).

Se puede imaginar esto de la siguiente forma, el fluido lucha contra la rotación porque quiere mantenerse viajando en línea recta. Para cualquier velocidad rotacional, la cantidad de lucha será directamente proporcional al producto de la velocidad de fluido y la masa de fluido. En otras palabras, la magnitud de la Fuerza de Coriolis será directamente proporcional al caudal másico del fluido. Esta es la base del caudalímetro de Masa de Coriolis.

Se puede demostrar la Fuerza de Coriolis haciendo una modificación de la salida de agua en un aspersor para riego giratorio para que apunte en línea recta desde el centro en vez de hacerlo en ángulo. A medida de que el agua pase a través de los orificios rectos no podrá generar una fuerza rotacional que sea suficiente para hacer girar el conjunto del aspersor (Fig. 1.69a), por lo que este solo deberá regar sin moverse. Si alguien intentase rotar a mano el aspersor en estas condiciones, descubrirá el efecto de la Fuerza de Coriolis, la cual se opondrá a la rotación manual. Mientras mayor sea el caudal másico de agua, mayor será la fuerza conservadora de la Fuerza de Coriolis (Fig. 1.69b).

Esto no es un concepto muy intuitivo, por lo que merece alguna explicación. El aspersor antirrotacional no deja simplemente de rotar sino que realmente se opone a rotar por efecto de una fuerza externa (una persona tratando de empujar los tubos manualmente).

Esta oposición no ocurriría si los tubos estuviesen tapados en los extremos y llenos con agua estancada. Si fuera este el

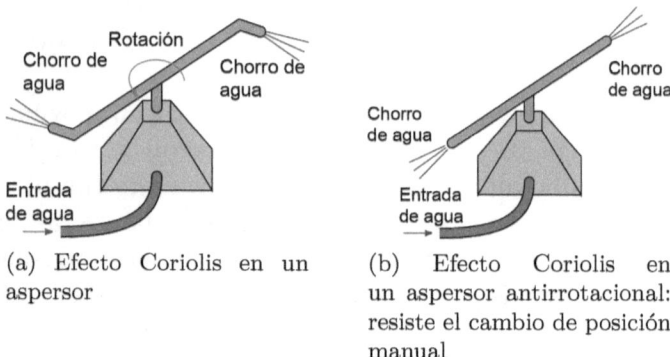

(a) Efecto Coriolis en un aspersor

(b) Efecto Coriolis en un aspersor antirrotacional: resiste el cambio de posición manual

Figura 1.69: Efecto Coriolis en aspersores

caso, los tubos simplemente pesarían con el peso del agua y rotarían libremente alrededor del eje como cualquier par de tubos de metal pesados (vacíos o llenos de agua, o de metal sólido). Los tubos tendrían inercia, pero no se opondrían activamente a un esfuerzo externo para hacerlos rotar.

El hecho de tener agua líquida moviéndose a través de los tubos es lo que hace la diferencia, y la razón es más clara cuando se imagina a cada molécula de agua sufriendo esto a medida que se aleja del centro (eje de rotación) cuando sale por el aspersor. Cada molécula de agua que parte del centro comienza sin velocidad lateral, pero se acelera hacia la circunferencia del elemento de rotación del aspersor. El hecho de que haya moléculas de agua que hacen continuamente este trayecto desde el centro hacia el elemento de rotación significa que siempre habrá un nuevo conjunto de moléculas de agua que tiene la necesidad de ser aceleradas desde el centro hacia el elemento de rotación del aspersor. En los tubos tapados con agua estancada, la aceleración solo ocurriría al rotar los tubos, en este momento, la velocidad lateral de cada molécula de agua dentro de los tubos sería la misma. Sin embargo, para que haya Fuerza de Coriolis debe repetirse continuamente el proceso de aceleración de las moléculas de agua desde el centro hasta el elemento rotatorio del aspersor. Esta

1.7. CAUDALÍMETROS DE MASA VERDADERA 119

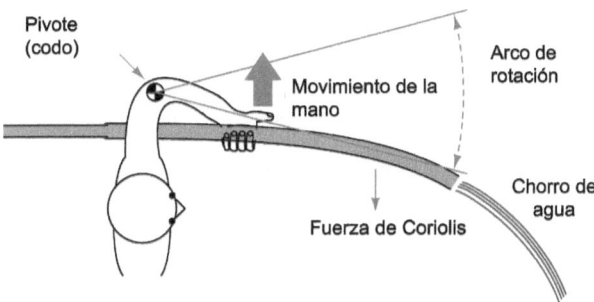

Figura 1.70: Efecto Coriolis en una manguera: la fuerza de Coriolis actúa lateralmente moviendo la manguera de un lado al otro

aceleración continua de masa nueva es lo que genera la Fuerza de Coriolis, y es lo que se opone activamente a cualquier fuerza que trata de hacer rotar el aspersor antirrotacional.

Es difícil inventar un sistema de tubos capaces de girar en círculos mientras se transporte un caudal de fluido presurizado. Para superar esto, los Caudalímetros de Coriolis se construyen siguiendo el principio de tubo flexible que oscila hacia adelante y hacia atrás, produciendo el mismo efecto en una forma cíclica en lugar de continua. El efecto es parecido a agitar una manguera de lado a lado mientras transporta una corriente de agua (Fig. 1.70).

La Fuerza de Coriolis actúa oponiéndose a la dirección de rotación. A mayor caudal másico de agua a través de la manguera, más fuerte la Fuerza de Coriolis. Si tuviésemos una forma precisa para medir la Fuerza de Coriolis impartida a la manguera por la corriente de agua y de mover en forma precisa la manguera para que la fuerza rotacional se mantenga constante para cada onda, se podría inferir directamente el caudal másico del agua.

No se puede construir un caudalímetro exactamente como el de manguera y aspersor, a menos que queramos que el fluido de proceso salga de la tubería, por lo que un diseño

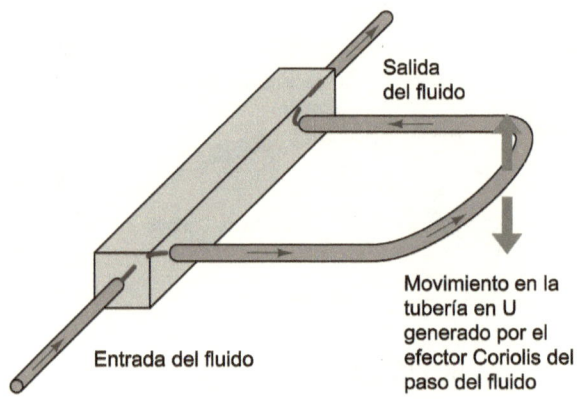

Figura 1.71: Torsión de un tubo en U por efecto Coriolis

común de caudalímetro de Coriolis usa un tubo en U que redirige el fluido hacia el centro de rotación (Fig. 1.71). La forma curva del extremo del tubo en U se fuerza para agitarse hacia adelante y hacia atrás por una bobina de fuerza electromagnética (como la bobina de fuerza de un parlante) mientras que el extremo del tubo se ancla a un conjunto estacionario.

Si el fluido en el tubo estuviese estancado (sin caudal), el tubo simplemente vibrará hacia adelante y hacia atrás con la fuerza aplicada. Si embargo, si el fluido fluyese a través del tubo, las moléculas de fluido experimentarán aceleración a medida que viajan desde la base anclada hacia el extremo redondeado del tubo, entonces sufrirán desaceleración mientras retroceden hacia la base anclada. La aceleración y des-aceleración continuada de masas nuevas genera una Fuerza de Coriolis que altera el movimiento del tubo.

La Fuerza de Coriolis provoca que el conjunto de tubo en U se tuerza (Fig. 1.72). La porción de tubo que transporta fluido desde la base anclada hacia el extremo tiende a retrasar el movimiento porque las moléculas de fluido en esa sección

1.7. CAUDALÍMETROS DE MASA VERDADERA

del tubo están siendo aceleradas a una velocidad lateral mayor. La porción de tubo que transporta fluido desde el extremo trasero hacia la base anclada tiende a disminuir el movimiento porque las moléculas disminuyen su velocidad lateral. A medida que el caudal másico aumente a través del tubo, también lo hará el grado de torsión, monitoreando la amplitud de este movimiento de torsión se puede inferir el caudal másico del fluido que pasa por el tubo.

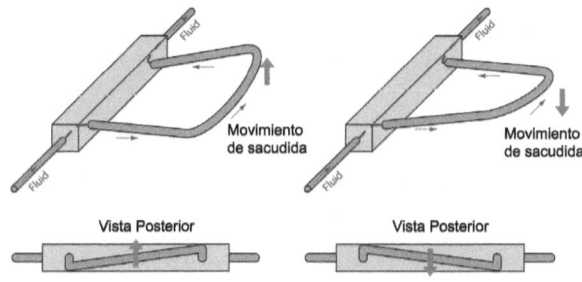

Figura 1.72: Principio de funcionamiento de un medidor de Coriolis

Para reducir la cantidad de vibración generada por un caudalímetro de Coriolis y reducir el efecto que pueda tener cualquier vibración externa en el caudalímetro, se construyen dos tubo en U idénticos y próximos entre sí y en una forma complementaria (se mueven en forma

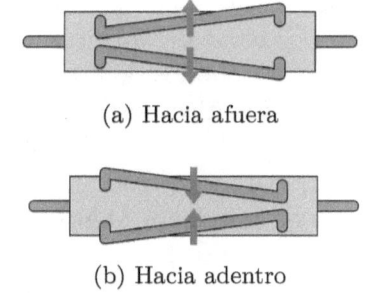

Figura 1.73: Comportamiento de la vibración en un caudalímetro de Coriolis con doble tubo en U

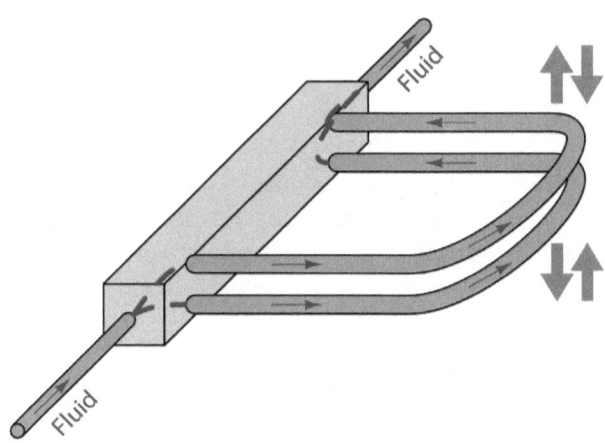

Figura 1.74: Caudalímetro de Coriolis con doble tubo en U

complementaria) (Fig. 1.74). La torsión del tubo se miden como movimiento relativo de un tubo al otro, no como movimiento entre el tubo y la cubierta del caudalímetro. Esto elimina (idealmente) el efecto de cualquier vibración de modo común en las mediciones de caudal (inferidas).

Visto desde el extremo, el agitamiento complementario y el torcido de los tubos se ve como en (Fig. 1.73)

Es necesario tener un gran cuidado por parte del fabricante para asegurar que los dos tubos sean lo más idéntico posible: no solo en sus características físicas sino en tratar de que el fluido se separe en porciones idénticas entre los dos tubos para que las respectivas fuerzas de Coriolis sean idénticas en magnitud.

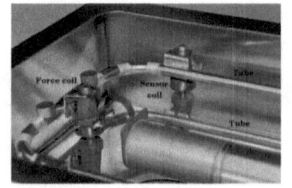

Figura 1.75: Note que son dos tubos en este Caudalímetro de Coriolis

Se muestra una foto (Fig. 1.76) de una unidad de demostración de

1.7. CAUDALÍMETROS DE MASA VERDADERA 123

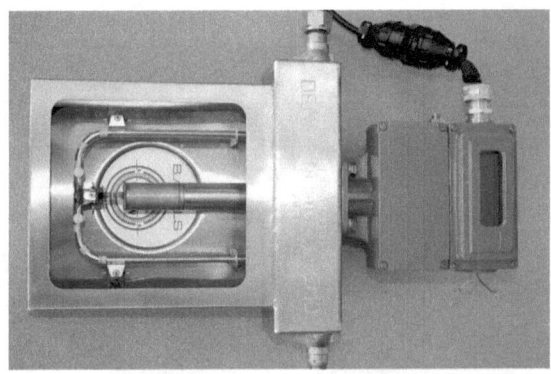

Figura 1.76: Foto de un caudalímetro de Coriolis

un caudalímetro de Coriolis de tubo en U de Rosemount (Micro-Motion). Un tubo está directamente encima de otro en esta foto, de tal forma que no se podría decir si hay o no dos tubos en U.

Al inspeccionar más cerca este caudalímetro se nota que son realmente dos tubos en U, uno encima del otro, que se agitan en direcciones complementarias por bobinas de fuerza electromagnéticas comunes (Fig. 1.75).

La bobina de fuerza trabaja bajo el mismo principio de un parlante: La corriente eléctrica AC que pasa a través de un cable de la bobina genera un campo magnético oscilatorio, el que a su vez actúa sobre un campo magnético permanente para producir una fuerza oscilatoria. En el caso de un parlante, esta fuerza hace que un cono ligero se mueva, lo que crea ondas de sonido a través del aire. En el caso del medidor de Coriolis, la fuerza agita los tubos de metal hacia adelante y hacia atrás.

Dos sensores magnéticos de desplazamiento monitorean el movimiento relativo de los tubos y transmiten señales a un módulo electrónico para procesamiento digital. Una de las bobinas de estos sensores puede ser vista en la foto anterior. Las bobinas de fuerza y de sensores no son más que imanes permanentes rodeados por bobinas de cable de cobre. La principal diferencia entre las bobinas de fuerza y las bobinas de sensor es que la bobina de fuerza está alimentada por una señal de AC, mientras que las bobinas de los sensores no tienen alimentación para que detecten el movimiento de los tubos al generar voltajes de AC que serán generados por el módulo electrónico. En el lado izquierdo (Fig. 1.77a) se muestra la bobina de fuerza, mientras que una de las bobinas de los dos sensores aparece en el lado derecho (Fig. 1.77b).

(a) Close-up de la bobina de fuerza

(b) Close-up de la bobina de un sensor

Figura 1.77: Fotos de las bobinas de un Caudalímetro de Coriolis

Los avances en la tecnología de sensores y el procesamiento de señales han permitido la construcción de Caudalímetros de Coriolis empleando tubos más rectos que los tubos en U, vistos previamente en la foto. Los tubos más rectos son ventajosos porque reducen la posibilidad de que se tapen y permiten sacar todos los líquidos del caudalímetro cuando sea necesario.

Los tubos de un caudalímetro de Coriolis no son solo conductos para el caudal de fluido, sino también elementos elásticos de precisión. Por eso es importante conocer la constante de elasticidad de estos tubos para poder inferir el desplazamiento del tubo (cuán lejos se tuerce el tubo). Cada elemento de caudal de Coriolis se prueba en la fábrica para determinar las propiedades mecánicas de los tubos, después se programa el transmisor electrónico con estas constantes.

1.7. CAUDALÍMETROS DE MASA VERDADERA 125

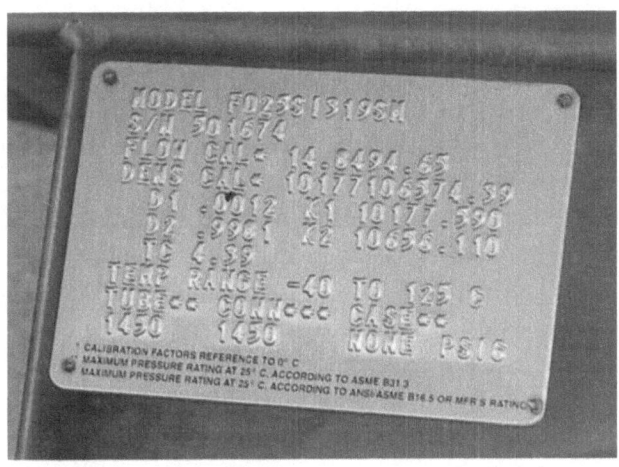

Figura 1.78: Foto de una placa de un caudalímetro de Coriolis

La siguiente fotografía (Fig. 1.78) muestra una vista de *close-up* de una placa (*nameplate*) de un caudalímetro de Coriolis Micro-motion de Rosemount, donde se muestra el valor de la constante física determinada por la fábrica para este tipo de conjunto.

Esto significa que cada elemento caudalímetro de Coriolis (el conjunto de tubo y sensor) es único y por lo tanto también su comportamiento. Consecuentemente, el transmisor debe ser programado con los valores que describan el comportamiento del elemento. Por esto el caudalímetro se vende como un conjunto inseparable desde la fábrica. No se pueden intercambiar los elementos y los transmisores sin reprogramar los transmisores con las constantes físicas de los elementos.

Los Caudalímetros de Coriolis están equipadas con sensores de temperatura RTD para monitorear continuamente la temperatura del fluido de proceso. Es importante conocer la temperatura de fluido porque esta afecta ciertas propiedades de los tubos (Ej. constante de elasticidad, diámetro y largo). La indicación de temperatura está disponible usualmente como una salida auxiliar, lo que significa que el caudalímetro de Coriolis puede duplicar el transmisor de temperatura.

Los tubos de un Caudalímetro de Coriolis se estimulan para que oscilen a su frecuencia de resonancia mecánica para maximizar el movimiento de vibración mientras se minimiza la potencia eléctrica que se debe aplicar a la bobina de fuerza. El módulo electrónico emplea un lazo realimentado entre las bobinas sensoras y la bobina agitadora para mantener los tubos en un estado constante de oscilación resonante. La frecuencia de resonancia cambia con la densidad del fluido del proceso debido a que la masa efectiva de los tubos rellenos con fluido cambia con la densidad del fluido de proceso y la masa es una de las variables que influencian la frecuencia resonante mecánica de una estructura elástica. Note el término masa en la fórmula siguiente, la cual describe la frecuencia resonante de un resorte tensado:

$$f = \frac{1}{2L}\sqrt{\frac{F_T}{\mu}}$$

, Donde,

f = Frecuencia de resonancia del resorte (Hertz)
L = Largo del resorte (metros)
F_T = Tensión del resorte (newtons)
μ = Masa unitaria del resorte (kilogramos por metro)

Los tubos rellenos con fluido son parecidos a los resortes tensados, por lo que la relación matemática entre la frecuencia resonante y la masa unitaria es similar. Así la frecuencia de la vibración de los tubos indican la masa unitaria de los tubos, los cuales, a su vez, representan la densidad de fluido, dado el volumen interno de los tubos. Esto significa que la densidad de fluido, junto con la temperatura de fluido, es otra variable medida por el caudalímetro de Coriolis. La habilidad para medir simultáneamente estas tres variables (caudal másico, temperatura y densidad) hacen que el caudalímetro de

1.7. CAUDALÍMETROS DE MASA VERDADERA

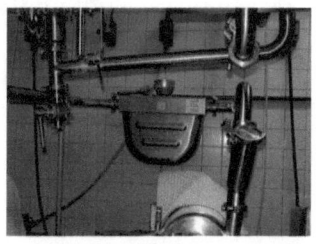
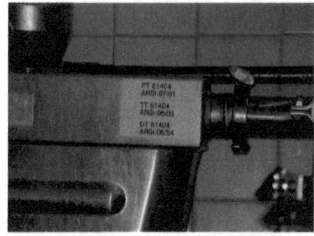

(a) Foto de conjunto   (b) Foto de detalle

Figura 1.79: Caudalímetro de Coriolis funcionando como transmisor multivariable

Coriolis sea un instrumento versátil. Especialmente cuando el caudalímetro se comunica en forma digital usando un estándar Fieldbus en lugar de una señal analógica 4-20 mA. La comunicación Fieldbus permite que muchas variables se puedan transmitir desde el dispositivo hacia el sistema host (incluso simultáneamente con otros dispositivos), permitiendo que el caudalímetro de Coriolis haga el trabajo de tres instrumentos.

En las siguientes fotos se muestra un caudalímetro de masa de Coriolis funcionando como un transmisor multivariable (Figs. 1.79a y 1.79b). Note las etiquetas de los instrumentos (FT, TT y DT), transmisor de caudal, de temperatura y de densidad:

Aunque el caudalímetro de Coriolis mide inherentemente el caudal másico, la medición continua de densidad de fluido permite calcular el caudal volumétrico. Esta relación entre el caudal de masa W, el caudal volumétrico Q y la densidad de masa ρ es muy simple:

$$W = \rho Q \qquad Q = \frac{W}{\rho}$$

Cuando se quiera que un computador de caudal entregue una salida de caudal volumétrico se toma el valor de la medición de caudal másico y se divide por la densidad medida del fluido. Un ejercicio simple de análisis (con unidades métricas) valida el concepto:

$$\left[\frac{kg}{s}\right] = \left[\frac{kg}{m^3}\right]\left[\frac{m^3}{s}\right] \qquad \left[\frac{m^3}{s}\right] = \frac{\left[\frac{kg}{s}\right]}{\left[\frac{kg}{m^3}\right]}$$

Los Caudalímetros Másicos de Coriolis son muy precisos y confiables. Son completamente inmunes a las perturbaciones del fluido y los remolinos, lo que significa que pueden ser instalados en cualquier punto del sistema de tubería sin que se necesiten tramos de tuberías rectos aguas-arriba y aguas-abajo. La habilidad natural para medir el caudal másico real, junto con su característica lineal y precisión, los hace muy adecuados para aplicaciones de Transferencia de Custodia (donde el caudal de fluido representa el producto vendido y comprado).

La desventaja principal de los Caudalímetros de Coriolis es el alto costo inicial, especialmente en el caso de tuberías grandes. Los Caudalímetros de Coriolis también están limitados por temperatura en mayor medida que otros caudalímetros y pueden tener dificultad para medir fluidos de baja densidad (gases). Los tubos doblados que se usan para sensar el caudal de proceso también pueden atrapar fluido de proceso donde no se admite por condiciones de higiene (Ej. procesamiento de alimentos, aplicaciones farmacéuticas). Existen diseños de tubo recto y otros donde el ángulo de doblado es menor, estos son más adecuados para este tipo de aplicaciones que los tubos en U. Una ventaja de los tubos en U es que no son tan rígidos como los tubos rectos, por eso, lo últimos tienden a ser menos sensibles a bajos caudales que los tubos en U.

1.7.2 Caudalímetros Térmicos

La sensación térmica *wind chill* es un fenómeno común a cualquiera que haya estado en un ambiente frío. Cuando

1.7. CAUDALÍMETROS DE MASA VERDADERA

la temperatura ambiente es sustancialmente menor que el cuerpo, ocurre transferencia de calor desde el cuerpo hacia el aire circundante. Si no hay brisa que haga mover el aire que rodea el cuerpo, las moléculas de aire más próximas al cuerpo, se comenzarán a calentar a medida que absorban el calor del cuerpo, lo que hará que disminuya la velocidad con que se pierde calor. Si embargo, basta que haya una brisa ligera, para que el aire cerca del cuerpo se mueva, con lo que el cuerpo entrará en contacto con más moléculas de aire frío. Así, la percepción de la temperatura circundante será más fría que en ausencia de brisa.

Se puede explotar este principio para medir el caudal, ubicando un objeto calentado en el medio de un corriente de fluido y midiendo cuánto calor presente en el cuerpo se entrega al fluido. La percepción térmica que sufre el objeto calentado es una función del caudal másico real (y no solamente del caudal volumétrico) porque el mecanismo de pérdida de calor es la velocidad a la que las moléculas contactan el objeto calentado, con cada una de esas moléculas teniendo una masa definida.

La forma más simple de un caudalímetro másico térmico es el anemómetro de cable caliente *hot-wire*, que se usa para medir la velocidad del aire. Este caudalímetro consiste de un cable de metal a través del cual se hace circular una corriente para calentarlo. Un circuito eléctrico monitorea la resistencia de este cable (la que es directamente proporcional a la temperatura del cable, definida por el coeficiente de resistencia en el caso de los metales). Si la velocidad del aire que pasa cerca del cable se incrementa, habrá mayor extracción de calor desde el cable, lo que hace que caiga la temperatura. El circuito detecta este cambio de temperatura y lo compensa con un incremento de corriente a través del cable para hacer que la temperatura se mantenga en un *setpoint*. La cantidad de corriente que se envía al cable es una representación del caudal de aire másico que llega al cable.

Casi todos los sensores de caudal másico de aire usados en el control de motores de automóviles usan este principio.

En el control computarizado de motores es importante que se mida el caudal másico de aire y no solamente el caudal volumétrico para mantener la correcta proporción de aire/combustible aún cuando la densidad del aire cambie debido a cambios de altura. En otras palabras, el computador necesita conocer cuántas moléculas de aire por segundo entran al motor para poder medir apropiadamente la cantidad correcta de combustible que debe ingresar al motor y obtener una combustión completa y eficiente. El sensor de caudal másico de aire de cable caliente es simple y barato al ser producido en grandes cantidades, por lo que es usado en aplicaciones automotrices.

Los Caudalímetros Másicos Térmicos industriales consisten comúnmente de un tubo de caudal *flowtube* especial que tiene dos sensores de temperatura en su interior: uno que se calienta y otro que no. El sensor calentado actúa como un sensor de caudal másico (enfriándose a medida que el caudal se incremente) mientras que el sensor que no se calienta se usa para compensar la temperatura ambiente del fluido de proceso.

Un tubo de caudal másico térmico típico se muestra en el diagrama siguiente (Fig. 1.81) (note la presencia de elemento generador de remolinos en la foto de (Fig. 1.81b), que están diseñados para crear turbulencia en la corriente para maximizar el efecto de enfriamiento convectivo del fluido sobre el Elemento Primario calentado).

Figura 1.80: Medidor y controlador de caudal másico con válvula y electrónica de control

La construcción simple de un caudalímetro másico térmico permite que sea fabricado en tamaños muy reducidos. La foto siguiente (Fig. 1.80) muestra un pequeño dispositivo que no es solo un medidor de caudal

1.7. CAUDALÍMETROS DE MASA VERDADERA

(a) Foto de conjunto

(b) Foto del elemento usado para crear turbulencia, se semeja a una hélice

Figura 1.81: Caudalímetro másico térmico

másico sino un controlador de caudal másico con un mecanismo de válvula y electrónica de control. La pieza a ambos lados del dispositivo es de 1/4 pulgada:

El Calor Específico del fluido de proceso es un factor importante en la calibración de un caudalímetro de masa térmica. El Calor Específico es una medida de la cantidad de energía necesaria para cambiar la temperatura de una cantidad normalizada de sustancia en un valor dado.

Debido a que los Caudalímetros Másicos Térmicos trabajan bajo el principio de enfriamiento convectivo, un fluido que tenga un valor alto de Calor Específico provocará una mejor respuesta en un caudalímetro másico térmico que el mismo caudal másico de un fluido que tenga un Calor Específico menor.

Esto significa que se debe conocer el valor de Calor Específico del fluido que se quiera medir con un caudalímetro másico térmico y se debe asegurar que el valor de Calor Específico permanezca constante. Por eso, los caudalímetros másicos térmicos no son adecuados para medir caudales de corrientes de fluido cuya composición química cambie. Esta limitación es equivalente a la limitación de un sensor de presión que se usa para la medición hidrostática de nivel de líquido en un tanque: para que esta técnica resulte precisa, se debe conocer la densidad de líquido y también asegurarse de que la densidad permanezca constante.

Los Caudalímetros de Masa Térmica son instrumentos simples y confiables, no tan precisos o tolerantes a perturbaciones de tuberías como los Caudalímetros Másicos de Coriolis pero son mucho menos caros.

Quizás la peor desventaja de los Caudalímetros Másicos Térmicos es su sensibilidad a los cambios de Calor Específico del fluido de proceso. Esto hace que la calibración de los Caudalímetros Másicos Térmicos sea específica para una composición de fluido dada. En algunas aplicaciones como las de caudal de aire de entrada de motores de auto, donde la composición de fluido es constante, esto no es una limitación. Sin embargo, en muchas aplicaciones industriales, es una limitación lo suficientemente importante para que no se puedan emplear. Las aplicaciones industriales de los Caudalímetros Másicos Térmicos incluyen mediciones de caudal de Gas Natural (excepto Transferencia de Custodia) y la medición de caudal de gas purificado (Oxígeno, hidrógeno, nitrógeno) donde la composición es conocida y muy estable.

Otra limitante de los Caudalímetros Másicos Térmicos es la sensibilidad de algunos diseños a cambios en el régimen de caudal. Debido a que el principio de medición está basado en la transferencia de calor por convección de fluido, cualquier factor que influya en la eficiencia de transferencia de calor convectiva se convertirá en una diferencia percibida en el caudal de caudal másico. Es un hecho bien conocido en Mecánica de Fluidos que los caudales turbulentos son más eficientes en la convección de calor que los caudales laminares, porque la naturaleza estratificada de un caudal laminar impide la transferencia de calor a través del ancho del fluido. En algunos tipos de Caudalímetros Térmicos, las paredes calentadas del tubo metálico es el Elemento Primario que debe ser enfriado por el fluido, la diferencia entre la velocidad de transferencia de calor realizada por un fluido laminar desde las paredes de un tubo calentado versus el realizado por un fluido turbulento puede ser grande. Por tanto, un cambio en el régimen de caudal (de turbulento a laminar y viceversa) provocará un cambio de la calibración del caudalímetro másico térmico.

1.8 Alimentadores con pesaje

Un tipo especial de caudalímetro adecuado para sólidos granulados o talcos es el *Weighfeeder*. Uno de los tipos más comunes consiste de un cinta transportadora con una sección apoyada en rodamientos acoplados con una o más celdas de carga de tal forma que la cinta de largo fijo se pese en forma continua (Fig. 1.82).

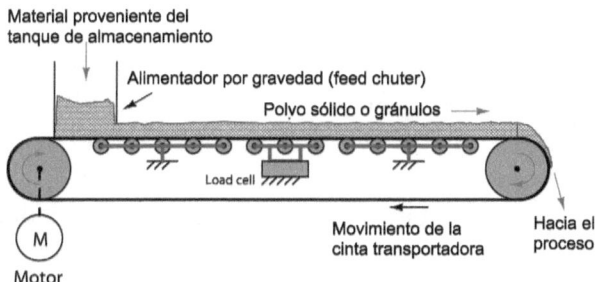

Figura 1.82: Caudalímetro para sólidos granulados basado en pesaje y cinta transportadora

La células de carga miden el peso de una sección de cinta de tamaño fijo, lo que se da en términos de peso de material por distancia lineal en la cinta. Se usa un tacómetro (sensor de velocidad) para medir la velocidad de la cinta. El producto de estas dos variables es el caudal másico de material sólido a través del *weighfeeder*.

$$W = \frac{Fv}{d}$$

Donde,
W = Caudal másico (Ej. libras por segundo)

F = Fuerza de gravedad que actúa sobre la sección de cinta que se pesa (Ej. libras)

v = Velocidad de la cinta (Ej. pies por segundo)

d = Largo de la sección de cinta pesada (e.g. feet)

En la foto se muestra un pequeño *weighfeeder* (de aproximadamente dos pies de largo) que se usa para verter Soda Cáustica en polvo en el agua de una planta de filtrado para neutralizar pH (Fig. 1.83).

En el medio de la cinta (no se muestra en la vista) hay un conjunto de rodamientos que soportan el peso de la cinta y de la Soda Cáustica que transporta la cinta. El conjunto de células de carga proporcionan una medición de libras de material por pie de largo de la cinta (lb/ft).

Como se puede ve en la próxima ilustración, el polvo de Soda Cáustica simplemente cae del extremo alejado de la cinta transportadora hacia el agua (Fig. 1.83b).

El sensor de velocidad mide la velocidad de la cinta en pie por minuto (ft/min). Una conversión de unidad (×60) expresa el caudal másico en unidades de libras por hora (lb/h). Se muestra una foto de la pantalla del *weighfeeder*.

Note que una carga de cinta de 1.209 lb/ft y una velocidad de cinta de 0.62 pie por minuto no corresponde exactamente al caudal másico mostrado de 43.7 lb/h. La razón para esta discrepancia es que la foto muestra la pantalla con una imagen donde los valores no son simultáneos. Los *weighfeeders* frecuentemente tienen fluctuaciones en la carga de la cinta en condiciones normales de operación, lo que lleva a fluctuaciones en el cálculo de caudal másico. A veces estas fluctuaciones entre la mediciones y las variables calculadas no coinciden en la pantalla, debido a la demora inherente al cálculo de caudal másico (retraso del valor de caudal hasta que la carga de la cinta sea medida y muestreada).

1.9 Mediciones por cambio de cantidad

El caudal, por definición, es el paso de material de un lugar a otro durante un tiempo. En este capítulo se ha explotado

1.9. MEDICIONES POR CAMBIO DE CANTIDAD 135

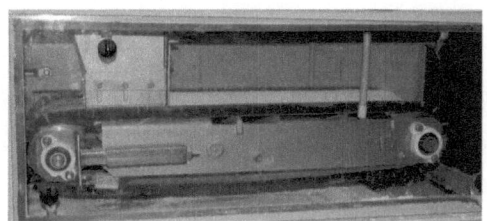

(a) Foto de conjunto

(b) Detalle de la alimentación por gravedad

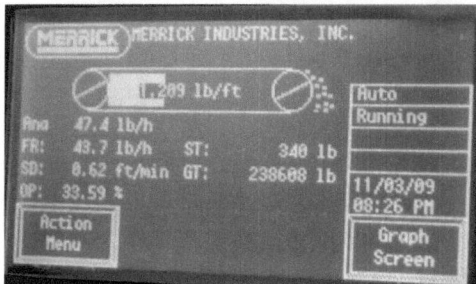

(c) Pantalla

Figura 1.83: Alimentador de soda cáustica

la tecnología para medir el caudal en movimiento desde el origen al destino. Sin embargo, existe otro método para medir caudal: medir cuánto material ha salido o llegado a un lugar durante un tiempo.

Matemáticamente, se puede expresar el caudal como un cociente de cantidad sobre tiempo. Sin importar si el caudal es volumétrico o másico, el concepto es el mismo: cantidad de material movido por cantidad de tiempo. Se puede expresar caudal promedio como cocientes de cambios:

$$\overline{W} = \frac{\Delta m}{\Delta t} \qquad \overline{Q} = \frac{\Delta V}{\Delta t}$$

Donde,
$\overline{W}$ = Caudal másico promedio
$\overline{Q}$ = Caudal volumétrico promedio
Δm = Cambio de masa
ΔV = Cambio de volumen
Δt = Cambio de tiempo

Suponga que un tanque de agua está equipado con células de carga para medir en forma precisa el peso (Fig. 1.84) (el que es directamente proporcional a la masa si es que la gravedad no cambia). Asumiendo que solamente una tubería entre o salga del tanque, cualquier caudal de agua a través de la tubería hará que el peso total del tanque cambie:

Si la masa medida del tanque variase de 74,688 kg a 70,100 kg entre las 4:05 AM y las 4:07 AM, se podría decir que el caudal másico promedio del agua que abandona el tanque es de 2,294 kg por minuto durante el tiempo observado.

$$\overline{W} = \frac{\Delta m}{\Delta t} = \frac{70100 \text{ kg} - 74688 \text{ kg}}{4:07 - 4:05} = \frac{-4588 \text{ kg}}{2 \text{ min}} = -2294 \frac{\text{kg}}{\text{min}}$$

Note que la medición de caudal promedio puede ser determinado sin usar caudalímetros. Todos los conceptos estudiados anteriormente (turbulencia, Número de Reynolds, propiedades de fluidos, etc) son completamente irrelevantes.

1.9. MEDICIONES POR CAMBIO DE CANTIDAD 137

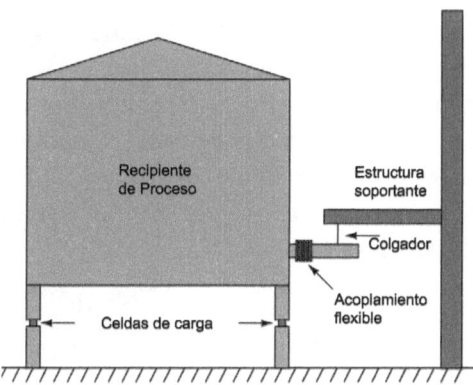

Figura 1.84: Uso de celdas (o células) de carga para medir diferencia de peso en un recipiente de proceso

Se puede medir cualquier caudal simplemente midiendo el peso o volumen almacenado durante el tiempo. Un computador puede hacer este cálculo si se desea.

Ahora suponga que no es necesario medir el caudal promedio cada dos minutos. Imagine que el personal de operaciones necesita los datos de caudal calculado y mostrado a más de 30 veces por hora. Todo lo que se necesita para mejorar la resolución es tomar mediciones más frecuentemente. Si el caudal fuese absolutamente estable, se podría muestrear la masa con el intervalo inicial de dos minutos. Sin embargo, si el caudal no fuese estable, se debería muestrear más frecuentemente para poder observar las variaciones hacia arriba y hacia abajo del caudal.

Imagine que el computador de caudal hipotético toma mediciones de peso (masa) con una rapidez infinita: una cantidad infinita de muestras por segundo. Ahora, no se pueden promediar los caudales en intervalos finitos de tiempo, en su lugar se debe calcular el caudal instantáneo en cualquier punto de tiempo.

El Cálculo Matemático tienen un tipo especial de simbología para representar estos escenarios hipotéticos: se reemplaza la letra griega "delta" (Δ, significa "cambio") por la letra romana "d" (que significa *diferencial*). Una forma simple de entender el significado de "d" es pensar que tiene un significado de intervalo *infinitesimal* en la variable que siga a la "d" en la ecuación. Cuando se colocan dos diferenciales en un cociente, la fracción $\frac{d}{d}$ se denomina *derivada*. Reescribiendo las ecuaciones de caudal promedio en forma derivativa se obtiene:

$$W = \frac{dm}{dt} \qquad Q = \frac{dV}{dt}$$

Donde,
W = Caudal másico instantáneo
Q = Caudal volumétrico instantáneo
dm = Cambio de masa infinitesimal
dV = Cambio de volumen infinitesimal
dt = Cambio de tiempo infinitesimal

No se necesitan computadores para realizar cálculos infinitos por segundo para obtener mediciones de masa o volumen. Existen circuitos electrónicos analógicos que explotan las propiedades naturales de resistencias y capacitores para hacer esto esencialmente en tiempo real (Fig. 1.85).

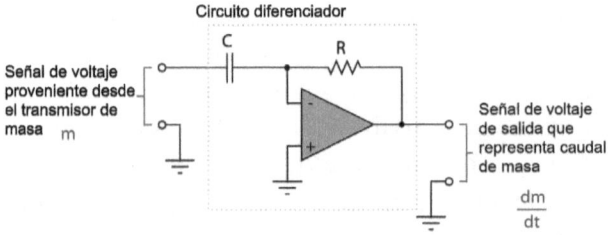

Figura 1.85: Obtención de la medición de masa utilizando un circuito diferenciador

En una vasta mayoría de aplicaciones se pueden ver

computadores digitales siendo usados para calcular el caudal promedio en lugar de usar circuitos electrónicos analógicos para calcular el caudal instantáneo. La versatilidad de los computadores digitales asegura que se puedan usar en cualquier punto de un sistema de medición, por lo que lo lógico en este caso es usar los computadores digitales existentes para calcular caudales (aunque sea imperfectamente) en vez de complicar el diseño del sistema con circuitería analógica adicional. Solo se prevée utilizar esta última en aplicaciones especializadas donde el desempeño de alta velocidad sea muy importante.

La única desventaja del método de inferir caudal a partir de la diferenciación de la masa o de los volúmenes es el requerimiento de que el tanque de almacenamiento solo tenga un camino de entrada y uno de salida. Si el tanque tuviese varios caminos por los que se mueve el líquido entrando y saliendo (simultáneamente), cualquier caudal calculado sobre la base del cambio de cantidad sería solamente un caudal neto. Es imposible emplear esta técnica de medición de caudal para medir una salida de caudal de múltiples caudales en común que se dirigen a un tanque de almacenamiento.

Un ejemplo puede aclarar el punto. Imagine un tanque de almacenamiento de agua recibiendo un caudal de 200 galones por minuto y vaciando agua a una segunda tubería a exactamente el mismo caudal: 200 galones por minuto. Es de esperar que el nivel en el tanque no cambie. Cualquier medición de caudal basada en cambio de cantidad no registraría nada porque no ha habido cambio de volumen o de masa. Igualmente, el caudal neto en este tanque es cero, pero esto no nos dice nada acerca del caudal en cada tubería, excepto que los caudales son iguales en magnitud y opuestos en dirección.

1.10 Caudalímetros de Inserción

Esta sección no describe un caudalímetro en particular sino un tipo de diseño que se puede implementar con diferentes tipos de tecnologías de medición. Cuando la tubería que transporta un fluido de proceso es grande, es prohibitivo instalar un caudalímetro para medir el caudal. Una alternativa en muchas aplicaciones prácticas es la instalación de un caudalímetro de Inserción: una sonda que puede ser insertada o extraída desde una tubería, para medir la velocidad de fluido en una región del área transversal de la tubería (usualmente en el centro).

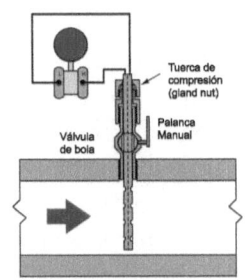

Figura 1.86: Caudalímetro de inserción Tubo Pitot

Un ejemplo clásico de un elemento de caudalímetro de Inserción es el Annubar, una forma de Tubo de Pitot promediador que se inserta en una tubería que transporta fluido donde es capaz de generar una presión diferencial para que un sensor de presión la pueda captar (Fig. 1.86).

El Elemento Primario Annubar se puede extraer desde la tubería aflojando una tuerca y sacando el conjunto hasta que el extremo pase a través de un válvula de bola (Fig. 1.88a). Una vez que el Elemento Primario haya sido extraído de esta forma, la válvula de bola puede ser cerrada y el Annubar se podrá sacar completamente de la tubería.

Por razones de seguridad, se implementa un dispositivo para que no se pueda retirar en forma accidental mientras la válvula esté abierta.

Otras tecnologías de caudalímetros fabricados en la forma de inserción incluyen vórtice, Turbinas y Masa Térmica. Un caudalímetro de turbina de tipo Inserción se muestra en las siguientes fotografías (Fig. 1.87a y 1.87b)

Si los elementos de detección de caudal fuesen compactos en lugar de ser distribuidos (como en el caso de los Caudalímetros de turbina mostrados arriba), se debe tener

1.10. CAUDALÍMETROS DE INSERCIÓN 141

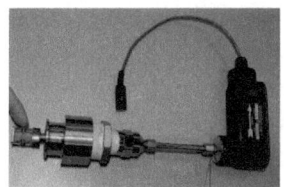

(a) Foto de conjunto   (b) Foto de detalle

Figura 1.87: Caudalímetro de inserción tipo turbina

el cuidado de asegurar la posición correcta dentro de la tubería. Debido a que los perfiles de caudal nunca son completamente planos, cualquier medidor de inserción registraría un caudal mayor en el centro de la tubería que cerca de las paredes. Dondequiera que el Elemento Primario de inserción se coloque con respecto al diámetro de la tubería, esta ubicación debe ser consistente durante las extracciones y re-inserciones siguientes, incluso la calibración del caudalímetro de Inserción debe ser llevada a acabo con cada inserción y retiro. Debe tenerse el cuidado de que el Elemento Primario de Caudal apunte directamente aguas arriba y sin formar ángulo.

Una ventaja exclusiva de los instrumentos de inserción es que pueden ser instalados en una tubería que esté en operación usando un equipamiento especial de cerrado en caliente *hot-tapping*. Este es un procedimiento donde se realiza una penetración segura en la tubería mientras la tubería transporta fluido bajo presión. El primer paso en una operación de cerrado en caliente es soldar una T *saddle tee* en un lado de la tubería (Fig. 1.88b).

A continuación, una válvula de bola se instala en la brida *flange* de la T. Esta válvula de bola se usa para aislar el instrumento de la presión de fluido al interior de la tubería (Fig. 1.88c).

Un taladro especial para cierre en caliente se usa entonces, para asegurar el extremo abierto de la válvula de bola (Fig. 1.89a). Este taladro usa un sello de alta presión para que contenga la presión de fluido dentro de la cámara de taladrado a medida en que el motor hace girar la broca.

La válvula de bola se abre para que la broca del taladro avance hacia la pared de la tubería onde se hace una perforación en la tubería. La presión del fluido alcanza la cámara vacía de la válvula de bola y cierra en caliente la perforación hecha en la pared de la tubería.

Una vez que la perforación se haya realizado completamente, la broca se extrae y la válvula de bola se cierra para permitir la remoción del taladro de cierre en caliente (Fig. 1.89b)

Note que existe una conexión aislada de la tubería en caliente, a través de la cual se puede colocar un Caudalímetro de Inserción (u otro instrumento o dispositivo).

El cierre en caliente es una habilidad técnica que requiere mucho cuidado para que se pueda realizar con seguridad.

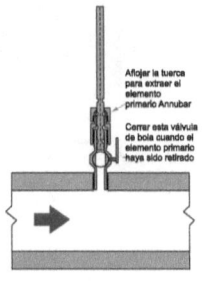

(a) Extracción del elemento primario

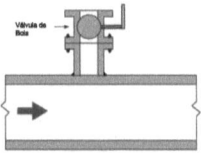

(b) Instalación de la válvula de bola

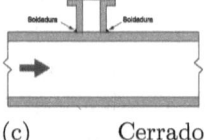

(c) Cerrado en caliente (hot-tapping)

Figura 1.88: Método de Extracción del elemento primario en un caudalímetro Annubar de inserción

1.11 Elección de instrumentos

Cada caudalímetro explota un principio físico para medir el caudal. Es importante conocer cómo estos principios se

1.11. ELECCIÓN DE INSTRUMENTOS

aplican a diferentes tecnologías de caudalímetros con el fin de elegir adecuadamente el instrumento de acuerdo a la aplicación donde será utilizado. Vea (Tab.1.4) con los principios de operación específicos que se han explotado por diferentes tecnologías de medición de caudal.

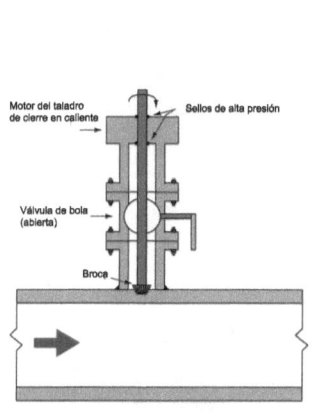

(a) Instalación del taladro de sellado en caliente

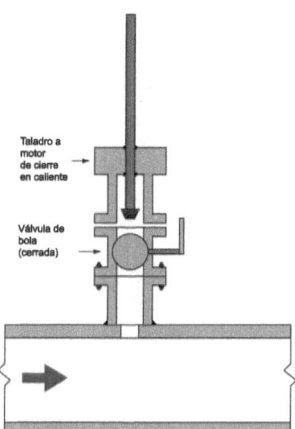

(b) Remoción del taladro de cierre en caliente

Un factor potencialmente importante para elegir una tecnología apropiada de caudalímetro es la cantidad de pérdida de energía causada por la caída de presión. Algunos tipos de caudalímetros, como los de Placa de Orificio, son baratos de instalar pero pueden tener un gran costo en términos de pérdida de energía debido a la caída permanente de presión *permanent pressure drop* (es la pérdida total, no recuperable de presión entre la entrada y la salida del dispositivo, no la diferencia de presión entre la entrada y la Vena Contracta). La energía cuesta dinero por lo que las industrias deben considerar el costo a largo plazo de un caudalímetro a la hora de considerar cuál es el más barato de instalar. Podría perfectamente suceder que un Tubo de Venturi cueste menos después de años de operación que una Placa de Orificio barata.

En la misma consideración, se pueden encontrar

Tabla 1.4: Principios de operación para los caudalímetros

Tecnología de medición	Principio de operación	Linealidad	Flujo de dos vías
Presión diferencial	Autoaceleración de masa de fluido, intercambio energía cinética - potencial	$\sqrt{\Delta P}$	(algo)
Laminar	Fricción de fluido Viscosa	lineal	sí
Vertederos y Aforadores	Autoaceleración de masa de fluido, intercambio energía cinética - potencial	H^n	no
turbina (velocidad)	Velocidad de Fluido por el giro de una rueda	lineal	sí
Vortex	Efecto von Kármán	lineal	no
Magnético	Inducción Electromagnética	lineal	sí
Ultrasónico	Tiempo de propagación de onda de sonido	lineal	sí
Coriolis	Inercia de fluido, Efecto de Coriolis	lineal	sí
turbina (masa)	Inercia de fluido	lineal	(algo)
Térmico	Enfriamiento convectivo, calor espacífico de fluido	lineal	no
Desplazamiento positivo	Movimiento de volúmenes fijos	lineal	(algo)

caudalímetros que son mucho mejores que el resto: son los tubos de caudal que no tienen obstrucción. Los caudalímetros ultrasónicos y magnéticos no tienen obstrucción en la trayectoria del fluido. Esto hace que la pérdida de presión sea casi nula. Los caudalímetros de masa térmica y de Coriolis de tubo recto casi no presentan obstrucción, mientras que los de vórtice y los de turbina son apenas un poco peores.

www.ingramcontent.com/pod-product-compliance
Lightning Source LLC
Chambersburg PA
CBHW030741180526
45163CB00003B/879